营养师
教你做
儿童菜

钱多多 主编

U0385986

黑龙江科学技术出版社
HEILONGJIANG SCIENCE AND TECHNOLOGY PRESS

图书在版编目（CIP）数据

营养师教你做儿童菜 / 钱多多主编 . -- 哈尔滨：
黑龙江科学技术出版社，2018.7
ISBN 978-7-5388-9704-3

Ⅰ . ①营… Ⅱ . ①钱… Ⅲ . ①儿童 - 食谱 Ⅳ .
① TS972.162

中国版本图书馆 CIP 数据核字 (2018) 第 105786 号

营 养 师 教 你 做 儿 童 菜
YINGYANGSHI JIAO NI ZUO ERTONG CAI

作　　者	钱多多	
项目总监	薛方闻	
责任编辑	梁祥崇	
策　　划	深圳市金版文化发展股份有限公司	
封面设计	深圳市金版文化发展股份有限公司	
出　　版	黑龙江科学技术出版社	
	地址：哈尔滨市南岗区公安街 70-2 号　邮编：150007	
	电话：（0451）53642106　传真：（0451）53642143	
	网址：www.lkcbs.cn	
发　　行	全国新华书店	
印　　刷	深圳市雅佳图印刷有限公司	
开　　本	723 mm × 1020 mm　1/16	
印　　张	14	
字　　数	240 千字	
版　　次	2018 年 7 月第 1 版	
印　　次	2018 年 7 月第 1 次印刷	
书　　号	ISBN 978-7-5388-9704-3	
定　　价	49.80 元	

PREFACE
序言

　　小儿难养，最难在喂养。对于家长们来说，小儿喂养确实充满挑战性。家长们需要面对的头号考验就是儿童挑食、偏食的问题。孩子对于食物味道有自我喜好，而这种喜好往往和孩子的健康成长相左。一味地挑食、偏食会影响孩子的生长发育。与此同时，家长们也开始面对越来越多的"胖娃娃"的困扰。随着生活水平的不断提高，高热量的食物唾手可得，让我们身边的小胖墩随处可见。而从小肥胖，为成年后发生慢性疾病留下了不可忽视的健康隐患。

　　儿童虽然在口味上有自己的选择倾向，但是他们没有能力选择较好的、营养素丰富的均衡膳食，更多地需要依赖家长来选择食物。这就要求家长们懂营养、善烹调，为孩子提供营养健康、种类丰富的食物。家长们需要让孩子增加蔬菜、水果以及粗杂粮的摄入量，选择营养密度高而热量相对低的食物。对于动物性食物家长们要合理选择，来平衡孩子的能量摄入和能量消耗，减少含糖的甜饮料及重口味的零食及菜肴的摄入，从小给孩子养成清淡的饮食好习惯。

　　在喂养过程中，父母们不仅负责食物的选择，还需要合理安排进餐时间及进餐顺序。同时要给予孩子自我进食的机会，既不要强迫孩子进食也不要用奖励的方式去诱导孩子进食，这些行为都会起到适得其反的效果，容易让孩子对食物产生抗拒。实际上，如果从孩子的角度出发去配餐，使每道菜肴都是新鲜的组合搭配，每道菜肴都会带来惊喜，从而让孩子自己决定进食量，更有益于激发孩子对食物的热爱。

本书是送给家长们的一把开启孩子味蕾的"金钥匙"。花样翻新的食物组合，营养互补的食物搭配，既满足了孩子挑剔的味蕾，还为孩子的成长发育提供了营养保障。

此外，家长们还要为孩子用餐提供良好的环境，不应有分散注意力的东西出现在孩子进餐的环境里，比如电视机等。儿童的食物选择、进食模式、进餐时间等方面的要求其实都受到父母的影响。所以家长们的饮食习惯绝对是孩子的第一部教科书。

希望这本书，能贴心地陪伴着每一个孩子健康成长。

钱多多

2018 年 7 月

CONTENTS
目录

第二章　儿童成长就是要吃肉

第三章　鲜美水产，爱吃更聪明

第四章　爱上蔬菜，就是这么简单

第五章 难以抗拒的各色水果

第六章　花样主食变变变

第七章 给孩子的健康零食

第一章

让孩子爱上吃饭

　　要让孩子爱上吃饭到底有多难？营养师告诉你，并不难！

　　了解孩子身体所需的营养素，选购健康、安全的食物，提高自身厨艺，满足孩子对食物的色、香、味的追求，做到这几点，孩子就会爱上吃饭！

儿童菜离不开的营养素

◈ 蛋白质

蛋白质由多种氨基酸组成，它是构成机体组织、器官的重要成分，人体各组织、器官无一不含蛋白质。蛋白质是儿童生长发育所必需的营养物质。

儿童正处于生长发育的关键时期，蛋白质的供给特别重要。需要每天供给足量的蛋白质，除了保证膳食中有足够的蛋白质数量以外，还应保障膳食中蛋白质的质量。

这就要求膳食中，动物性蛋白质和大豆类蛋白质的量要占蛋白质总摄入量的 1/2 以上，可从鲜奶、鸡蛋、肉、鱼、大豆制品等食物中摄取。

◈ 脂肪

脂肪主要给机体供给能量，帮助脂溶性维生素吸收，构成人体各脏器、组织的细胞膜。储存在体内的脂肪还能维持体温及保护内脏不受损害。体内脂肪由食物内脂肪供给或由摄入的糖类和蛋白质转化而来。

儿童正处在生长发育期，需要的能量相对较高，每日膳食中脂肪提供的热能应占每日需求总热能的 25% ～ 30%。

膳食中脂肪缺乏，儿童往往体重不增、食欲差、易感染疾病、皮肤干燥，甚至出现脂溶性维生素缺乏病；但热能摄入过多，特别是饱和脂肪酸摄入过多，体内脂肪储存就要增加，可造成肥胖，日后患动脉粥样硬化、冠心病、糖尿病等疾病的危险性就会增加。

膳食中脂肪的主要来源是动物性脂肪和植物油。植物油所含的脂肪酸多数是不饱和脂肪酸，比如茶油、橄榄油、红花子油、葵花子油、玉米油和大豆油等都以不饱和脂肪酸为主。

一般来说,动物性脂肪,如牛油、奶油、猪油比植物性脂肪中的饱和脂肪酸含量高(椰子油例外,椰子油几乎是饱和脂肪酸含量最高的一种天然油脂),所以家长在为孩子烹饪食物的时候,应该以使用植物油为主。

在动物性食物中,畜肉类脂肪含量丰富,且多以饱和脂肪酸为主,猪肉的脂肪含量高于牛、羊肉。一般禽肉的脂肪含量较低(禽类皮下脂肪比较高)。鱼类的脂肪含量低且多以不饱和脂肪酸为主(深海鱼的脂肪富含丰富的二十二碳六烯酸、二十碳五烯酸,对大脑、心脑血管健康有益)。蛋类中蛋黄的脂肪含量高,其组成成分以单不饱和脂肪酸为主(有益于心脑血管健康)。建议家长日常为孩子选择动物性食物的时候,从脂肪含量和脂肪酸的组成出发,多以瘦肉、禽类、海鲜、蛋为主。除了植物油和动物性食物之外,坚果的脂肪含量也比较高,是日常生活中多不饱和脂肪酸的重要来源,儿童在食用坚果时需要控制食用量,谨防热量超标。

糖类

糖类是人类获取能量的最经济和最主要来源。糖类是体内一些重要物质的组成成分。它还参与帮助脂肪完成氧化和分解,防止蛋白质损失;对维持神经系统的功能活动有特殊作用。

儿童每日膳食中糖类所提供的热能应占每日需求总热能的55%～60%。膳食中糖类摄入不足可导致能量摄入不足,体内蛋白质合成减少,机体生长发育迟缓,体重减轻;如果糖类摄入过多,会导致能量摄入过多,造成脂肪积聚过多进而肥胖。

许多食物都富含糖类,如谷类、薯类、豆类、水果等,在安排儿童膳食时,要限制纯能量食物如糖的摄入,提高摄入营养密度高的富含糖类的食物。

矿物质

类别	主要作用	缺乏时症状	食物来源
钙	钙是构成骨骼的主要材料，是人体含量最多的元素之一，其中99%集中于骨骼中	如果膳食中缺钙，儿童就会出现骨骼钙化不全的症状，如鸡胸、O形腿、X形腿等	奶类、豆类、深绿色蔬菜、芝麻酱、黑木耳、海带、紫菜、鱼虾等含丰富的钙质。发酵的酸奶更有利于钙的吸收
铁	铁是构成血红蛋白、肌红蛋白的原料，还是维持人体正常重要活动的一些酶的组成成分，与能量代谢关系十分密切	缺铁易造成缺铁性贫血，表现为易疲劳、脸色和指甲苍白、手脚发凉、免疫力降低、儿童发育迟缓、食欲差等	动物肝脏、动物血、瘦肉等都是铁的良好来源。豆类、绿叶蔬菜、红枣、禽蛋类等虽为非血红素铁，但含铁量较高，可资利用。膳食中丰富的维生素C可促进铁的吸收
锌	锌是人体必需的微量元素。它参与人体各种生命活动，特别是锌构成的很多酶类，会使儿童体内代谢受到不同程度的影响	缺铁易引起食欲减退、味觉异常、生长迟缓、认知行为改变，影响智力发育，导致性器官发育不良、免疫功能降低等	最好的食物来源是贝类食物，如牡蛎、扇贝；动物的内脏等红色肉类是锌的极好来源，干果类、谷类、胚芽和麦麸也富含锌，干酪、燕麦、玉米等为锌的良好来源。精细粮食加工过程可导致大量锌丢失
碘	碘主要是通过甲状腺素对人体起作用的，甲状腺素是人体正常生长、大脑智力发育及生理代谢中不可缺少的激素，所以碘又被称为"智力元素"	缺碘可引起甲状腺功能减退，使小儿生长发育迟缓、智力低下	常吃些含碘食物，如海带、紫菜、发菜等，就不会缺碘了。需要注意的是，摄入碘过多可能会发生高碘性甲状腺肿

维生素

类别	主要作用	缺乏时症状	食物来源
维生素A	促进儿童的生长发育，保护上皮组织，防止眼结膜、口腔、鼻咽及呼吸道的干燥损害，有间接增加抵抗呼吸道感染的能力，还可以维持正常视力	皮肤变得干涩、粗糙；头发稀疏干枯、缺乏光泽；易患夜盲症和干眼病	主要存在于动物和鱼类的肝脏、奶类及蛋黄内。深色蔬菜和水果，如胡萝卜、菠菜、杏等含胡萝卜素较多，胡萝卜素在人体内可转化成维生素A
维生素B_1	构成辅酶，维持体内正常代谢；促进肠道蠕动，提高食欲；预防神经炎	出现神经炎、脚气病、皮肤感觉过敏或迟钝、肌肉运动功能减退、心慌气短、食欲下降等	谷物的胚和糠麸、坚果、豆类、瘦肉等
维生素B_2	对氨基酸、脂肪、糖类的生物氧化过程及热能代谢极为重要；维持皮肤、口腔和眼的健康	易患皮肤病、口角炎、唇炎等	动物肝脏、奶类、蛋黄、绿叶蔬菜、粗粮等
维生素B_6	对于维持细胞的免疫功能、调节大脑兴奋性有重要作用	虚弱、失眠、周围神经病、唇干裂、口炎等。维生素B_6在动植物中分布广泛，原发性缺乏并不常见	肉、鱼、奶类、蛋黄、动物肝脏、全谷、豆类、花生米等
维生素C	维持牙齿、骨骼、血管的正常功能，参与新陈代谢，增强机体抵抗力，有解毒作用	可引起坏血病	新鲜蔬菜、水果

维生素D	维生素D的主要生理功能为调节钙、磷代谢，帮助钙的吸收，促进骨骼钙沉积	缺乏维生素D容易发生佝偻症及手足抽搐症	动物肝脏、蛋黄等动物性食物中含有维生素D_3，植物中蘑菇含有维生素D_2。此外，人体皮肤组织中的7-脱氢胆固醇通过阳光下的紫外线作用，可形成维生素D_3，维生素D_3的活性高于维生素D_2
维生素E	维生素E是一种很强的抗氧化剂，可提高人体免疫力、对神经系统和骨骼肌具有保护作用，可以预防早产儿溶血性贫血的发生	维生素E缺乏时，早产儿易出现溶血性贫血	核桃、糙米、芝麻、蛋、牛奶、花生米、黄豆、玉米、麦胚、葵花子等富含维生素E

❖ 水

水是维持生命的必需物质，机体的物质代谢、生理活动均离不开水的参与。

水是人体中含量最多的成分，新生儿总体水最多，约占体重的 80%，婴幼儿次之，约占体重的 70%。

水是构成细胞和体液的重要组成部分；水参与体内物质代谢，使人体内新陈代谢和生理化学反应得以顺利进行；水参与体温调节，大量的水可吸收代谢过程中产生的能量，使体温不至显著升高，在高温下，人体可随着水分经皮肤蒸发散热，从而维持人体体温的恒定；水还起到润滑作用，

在关节、胸腔、腹腔、胃肠道等部位，都存在一定量的水分，对器官、关节肌肉等能起到缓冲、润滑、保护的作用。

◈ 膳食纤维

膳食纤维是一类特殊物质，存在于植物体中，不能被人体胃肠道消化酶消化，且不被吸收利用。有纤维素、半纤维素、果胶、抗性淀粉及木质素等，其中除木质素外均为多糖。

膳食纤维的主要来源是植物性食物如谷类、蔬菜、水果、豆类和坚果。其中全谷粒和麦麸等富含膳食纤维，而精加工的谷类食物则含量较少。食物中含量最多的是不可溶膳食纤维，它包括纤维素、木质素和一些半纤维素。谷物的麸皮、全谷粒和干豆类、蔬菜、坚果是不可溶膳食纤维的最好来源，可溶膳食纤维富含于燕麦、大麦、水果及一些豆类中。

膳食纤维有增加肠道蠕动、减少有害物质对肠道壁的侵害、促进大便的通畅、减少便秘及其他肠道疾病的发生等作用，能帮助儿童建立正常排便规律，保持健康的肠胃功能，对预防成年后的许多慢性病也有好处。

儿童四季饮食要点

儿童春季饮食要点

春天是万物生长的季节，对于生长发育迅速的儿童来说，更应注意饮食调养，以保证其健康成长。

在春季，儿童所需营养摄入要丰富均衡，钙是必不可少的，家长们在做膳食时要注意含钙丰富的食物的选择，如牛奶及其制品、豆制品等。并尽量少吃甜食、油炸食品，少饮用碳酸饮料，因为它们是导致钙质流失的"罪魁祸首"。蛋白质也是不可或缺的，鸡肉、牛肉、海鲜都是不错的选择。

春季气温变化较大，细菌、病毒等微生物活动力增强，容易侵犯人体。所以在饮食上应摄取足够的维生素和矿物质。新鲜蔬菜和水果富含维生素 C，具有抗病毒作用。常吃含有维生素 E 的坚果、粗杂粮等食物，以提高人体免疫功能，增强机体的抗病能力。春季是感冒高发期，在膳食中多补充富含维生素 A 的食物，如深色、橙色蔬菜水果中的胡萝卜素可以转化为维生素 A。此外，春季儿童易过敏，所以饮食上需要特别注意，尤其是那些过敏体质的儿童更要远离易引起过敏的食物。早春气温低，家长们还需注意不要让孩子贪凉，以免引起胃肠方面的疾病。

◈ 儿童夏季饮食要点

炎热的夏季，酷暑难耐，儿童在饮食方面应遵从以下原则，以利于儿童的健康成长。

夏季出汗比较多，汗液使体内微量元素及水溶性维生素丢失较多，使人体的抵抗力降低。在膳食调配上，要注意食物的色、香、味，多在烹调技巧上用点儿心，使孩子增加食欲。可多吃些豆制品、新鲜蔬菜、水果等。夏季可以给孩子常吃一些具有清热祛暑功效的食物，如藕、绿豆芽、番茄、丝瓜、黄瓜、冬瓜、苦瓜、西瓜等。

白开水是儿童夏季最好的饮料。夏季出汗多，体内的水分流失也多，儿童对缺水的耐受性比成人差，若有口渴的感觉时，体内的细胞已有脱水的现象了，脱水严重还会导致发热。因此，多给儿童喝白开水非常重要，可起到解暑与缓解便秘的双重作用。

同时，由于夏季气温高，儿童的消化酶分泌较少，容易引起消化不良或感染肠炎等肠道疾病，食物要保证新鲜、清洁，饮食宜定时定量，减轻胃肠负担，忌食生冷、油腻及不易消化的食物，最好吃一些清淡易消化、少油腻的食物，如黄瓜、番茄、莴笋等。

夏季里儿童食欲减退，容易出现蛋白质摄入不足，还应多食用牛奶、鸡蛋、瘦肉、鱼等富含优质蛋白质的食物，因其口味清淡，非常适合儿童食用。

❧ 儿童秋季饮食要点

俗话说："一场秋雨一场凉。"随着秋天气候越来越凉爽，孩子们的食欲较夏季逐渐增强，消化能力提高，正好弥补由于夏天炎热带来的食欲下降而引起的健康问题。家长们应抓住良好时机，注意饮食调理，增强儿童的机体免疫力。

秋季气候干燥，饮食不当很容易出现嘴唇干裂、鼻腔出血、皮肤干燥等现象，因此家长们应注意及时为孩子补充水分。除日常饮用白开水外，家长们还可以用雪梨或柚子皮煮水，也可以选择新鲜的食材如鱼虾贝类为孩子煲制汤品。除此之外，还应该给孩子多吃些蔬菜水果，因为蔬菜水果中不仅含丰富的水分，还具有维生素、矿物质和膳食纤维，对人体有良好的保健作用，如番茄、冬瓜、绿叶蔬菜、山药、莲藕、柚子、梨、苹果等。在烹调口味上以清淡少辛辣为宜。

除了秋燥之外，秋天天气逐渐转凉，早晚温差大，是感冒多发的季节，家长们要注意在日常饮食中让孩子多吃一些富含维生素 A 及维生素 E 的食品，增强机体免疫力，预防感冒，比如奶制品、动物肝脏、瘦肉、海产品、坚果。大部分绿色蔬菜及红黄色水果中都富含对身体有益的营养物质，建议家长一定要丰富食品的颜色，让孩子的餐盘食物多样化起来。

儿童冬季饮食要点

冬季天气寒冷，人体受到寒冷气温的影响，机体的生理和食欲都会发生变化。因此家长要合理地调整饮食，既要保证营养素摄入得充足，又要增强孩子的抗寒和抗病能力。

冬天气温低，身体为了抗寒要消耗更多的热量，家长们可以根据身体的这一特点，合理补充优质蛋白质含量高的食物，如鱼、禽、蛋、瘦肉、奶制品、豆制品，进行"轻"进补。家长们需要注意的是要控制整体的能量和脂肪的摄入量，虽然身体为了抗寒要消耗多一点的能量，但是不能忽略在整个冬天孩子的运动量相对较小，如果一味"大鱼大肉"地吃起来，会使能量摄入过多而导致肥胖。

冬季，孩子参加户外活动的时间减少，晒太阳的机会也减少，容易出现体内维生素 D 合成不足，钙吸收不良。家长可让孩子多吃一些含钙丰富的食物，如奶制品、豆制品、深绿色蔬菜等。阳光温暖的午后，多鼓励孩子参加户外活动。也正因为冬天孩子运动少，容易出现肠蠕动减慢而导致大便干燥等问题，家长应注意膳食纤维的补充，可让孩子适当多吃一些白菜、芹菜、薯类等膳食纤维含量高的食物，同时注意多补充水分，多喝温开水。

冬季的气候依然很干燥，充足饮水的同时，还要增加富含维生素 A 的食物的摄入，除了鸡蛋、牛奶、动物内脏之外，冬季常见的橙黄色水果柑橘类、深色蔬菜都富含 β-胡萝卜素，在体内可以转化成维生素 A，不但可以缓解皮肤干燥，还可增强免疫力。

无论是春夏秋冬哪个季节，家长们都要保证孩子膳食的合理搭配，营养均衡。让孩子从小养成健康饮食的好习惯。

儿童饮食宜与忌

❧ 饮食宜粗细搭配

儿童的饮食需要讲究粗细搭配，因为粗杂粮中的营养价值远高于精细粮，精白米面是人工精制的粮食，其中70%以上的维生素和矿物质已经损失掉了。故为了儿童的健康，家长们给孩子的主食应做到粗细搭配，建议粗杂粮摄入量占一天主食的三分之一。

❧ 饮食宜清淡少盐

为了保护儿童较敏感的消化系统，避免干扰或影响儿童对食物本身的感知和喜好，儿童的膳食应清淡、少盐、少油脂，并避免添加辛辣等刺激性物质和调味品。此外，儿童高血压、肥胖、糖尿病现已成为儿童期最常见的"成人病"，其与喜食过咸、过甜、糖分高的食品有关。所以，从小养成清淡少盐的饮食习惯，对儿童的健康大有益处。

❧ 吃饭宜吃七八分饱

儿童消化系统尚处于稚嫩的阶段，活动能力较为有限，如果长期吃得过多，极易导致脑疲劳，造成大脑早衰，影响大脑的发育。吃得过饱还会造成肥胖症，影响健康。应使孩子保持正常的食欲，以"七八分饱"为佳。

❧ 偏食宜善诱

偏食是很多儿童都有的毛病，对此家长要耐心帮孩子克服，及时纠正孩子偏食的坏习惯。例如，很多孩子不愿吃蔬菜，可变换蔬菜的品种、烹饪方法和菜肴搭配；吃饭时可以先上蔬菜，此时孩子肚子饿，较容易接受平时不爱吃的食物。

◈ 忌边吃饭边喝水

边吃饭边喝水，水会将口腔内的唾液冲淡，降低唾液对食物的消化作用，从而加重胃肠的负担。

◈ 忌边吃饭边玩耍

玩是孩子的天性，但切记不宜让孩子在吃饭的过程中玩耍，孩子玩的时候嘴里含着食物，很容易发生食物误入气管的情况，轻者出现剧烈的呛咳，重者可能导致窒息。

进餐时，家长应该让孩子坐在饭桌上吃饭，不要让孩子端着碗到处跑。吃饭的环境、地点固定，周围不要有干扰的事物，如走来走去的人群、开着的电视、好玩的玩具等。

◈ 忌饿了才吃饭

有些孩子不是按时就餐，而是不饿不吃饭，这种做法易损害胃，也会削弱人体对疾病的抵抗力。因为食物在胃内仅停留四五小时，感到饥饿时胃内食物已排空，胃黏膜这时会被胃液进行"自我消化"，容易引起胃炎和消化道溃疡。

◈ 忌吃太多零食

孩子的零食既不能太多，也不能没有，零食是儿童饮食中的重要组成部分。零食应该尽可能地与加餐相结合，以不影响正餐为宜。适量的零食可作为三餐营养摄入不足的一个良好补充，不能摄入过多的零食影响孩子的三餐摄入量。

正确认识零食

零食是一种很宽泛的概念，我们通常把三餐之外所吃的食物归为零食。有些家长会把零食当作垃圾食品，害怕它们危害孩子的健康，不利于孩子的成长，所以会把它们拒之门外。而有些家长则太过宠溺孩子，认为小孩子吃点零食没关系，久而久之，纵容孩子养成了不良的吃零食习惯。

其实，这两种做法都是不应当的。因为零食同样可以是健康的食物，只要做到以下几点。

◈ 选择健康的零食

首选天然来源的食物，如水果蔬菜、奶类及其制品、坚果类

水果蔬菜中富含丰富的维生素C、钾、镁、膳食纤维、植物活性物质等多种对身体有益的营养物质，既能补充儿童生长发育所需的维生素和矿物质，还有助于儿童的肠道健康。零食选择吃一些新鲜的蔬果可以弥补孩子三餐蔬菜、水果摄入的不足。

奶制品营养价值高，可以为儿童成长发育提供优质蛋白质、维生素A、维生素D、维生素B_2等多种对身体有益的营养素。其最突出的优点就是为儿童的骨骼发育提供丰富的钙，对于儿童的骨骼健康有益。推荐家长为孩子选择纯牛奶或酸奶，不建议选择乳饮料。

坚果是一类营养非常丰富的食品，除富含蛋白质和脂肪外，还含有大量的维生素E、叶酸、镁、钾、锌及膳食纤维，对身体有益。坚果中的脂肪酸以不饱和脂肪酸为主，研究表明，每周吃少量的坚果有助于心脏健康。坚果虽为营养佳品，然而因为热量较高，也不可过量食用，以免导致肥胖。年龄小的儿童食用坚果时，要注意食用安全，为避免呛入气管发生意外，建议把坚果制成坚果碎或者磨成粉食用。

纯鲜果晾晒的果干，味道甜美，富含抗氧化成分、矿物质和膳食纤维，确实是味道不错的一种零食，比如葡萄干、干枣、苹果干，但是选择的时候要选择天然的直接晾晒的，不宜食用过量，因为果干含糖量极高，吃过后一定要漱口避免损害牙齿。注意不要选择蜜饯类的制品。

限制"现代零食"的摄入

所谓"现代零食"是相对天然的零食而言，比如常见膨化食品、饼干、蛋糕、蛋黄派这些零食中含有大量脂肪、精制糖和大量食品添加剂，常食不仅会钝化孩子的味觉还会引起肥胖。需要提醒家长们注意的是很多商家会把瓜子、薯干、肉干、果干这样的天然食品，也进行精加工，放入了盐、甜味剂、增香剂、防腐剂、色素等，香味固然更浓，对健康的好处却打了很大折扣。所以家长要限制孩子食用这些非天然来源、经过高度加工的食品，养成孩子从小吃天然食物的好习惯。

❧ 戒掉垃圾零食要循序渐进

如果孩子已经爱上了吃"现代零食"，妈妈们不要急于戒掉孩子的零食，越是固执地要求孩子戒掉零食，孩子越会产生逆反心理。

戒掉"现代零食"要循序渐进，首先应该慢慢地减少孩子进食不健康零食的量，并在日常生活中告诉孩子什么是健康零食和不健康零食，以及不健康零食的危害，让孩子对不健康零食有初步的了解。

然后我们要允许孩子去吃健康零食，做到适时适量。可以选择一些孩子喜欢的造型，和孩子喜欢吃的零食相近的口味的健康零食给孩子吃，转移孩子的注意力，逐渐让健康零食代替垃圾零食。

❧ 养成好的吃零食的习惯

一定要在不影响正餐的前提下，合理选择，适时、适度、适量食用零食。吃零食与正餐之间相隔两小时左右。

合理选择，就是要根据自身的情况，选择健康的食品，不能盲目吃；适时、适度、适量，就是为了孩子的健康，吃零食要做到心中有数、适可而止。

厨妈妈的必备手册

❧ 怎么做孩子最爱吃的肉

给孩子做肉菜，首选里脊肉，并且在烹制前要先腌渍一会儿，保证做出来的肉又嫩又滑，鲜美可口，这样孩子才爱吃。

❧ 适合孩子吃的鱼

适合孩子吃的鱼有三文鱼、金枪鱼、石斑鱼、鳕鱼，这几类鱼生活的海域比较深，受污染少，鱼肉营养丰富、肉质鲜美。

罗非鱼、银鱼、青鱼、黄花鱼、比目鱼也是比较好的选择。这些鱼的鱼刺较大，几乎没有小刺，给孩子吃比较安全。而像鲫鱼、鲤鱼、鲢鱼、武昌鱼等给孩子吃的时候，最好选择没有小刺的腹肉。

❧ 吃蔬菜有方法

每个孩子总有那么一两种不爱吃的蔬菜。对于这些孩子不爱吃又营养丰富的蔬菜，妈妈最好不要强迫孩子吃，以免产生强烈的抵触情绪。妈妈可以把这些菜混到肉馅里，做成包子、饺子、馄饨、肉丸、肉饼等，让孩子不知不觉就吃下蔬菜。

❧ 巧炒面条不黏结

偶尔给孩子做做炒面，相信能很好地调动孩子的胃口，但是炒面如果炒法不当，就会使面条一根根黏结在一起，既不美观，又影响食物的味道。

正确的炒面条方法应该是在炒之前，先将面条放入大漏勺中，再放入装有沸水的锅中，轻轻抖动漏勺，用不了一会儿面条就会自然分开。这时，在锅中倒入油加热后，放入面条炒就可以了，这样炒出来的面条美味又不黏结。

常用的健康食材

食材名称	作用	图片
水果	水果本身可以作为独立的零食，也可以用来装饰蛋糕、加入甜品，是做花样零食健康又美味的天然好选择	
鸡蛋	各式甜点里都有鸡蛋的身影，小小的鸡蛋与不同的食材打发、混合就能变换出不一样的点心	
无盐黄油	黄油是必不可少的材料，可让你的零食散发醇香的味道。除了用来做糕点、蛋糕之外，还可以做菜	
淡奶油	建议使用动物性淡奶油，脂肪含量一般在30%~36%，打发成型后就是蛋糕上面装饰的奶油了，比植物奶油更健康	
泡打粉	泡打粉是一种复合膨松剂，又称为发泡粉和发酵粉，可用于面包、糕点、饼干等面制食品的快速制作	
糖粉	糖粉为洁白的粉末状糖，颗粒非常细，可以用来装饰饼干、蛋糕等，也可以增加甜味	
可可粉	可可粉有浓烈的可可香气，可用于巧克力、牛奶、冰淇淋、糖果、糕点及其他食品	
低筋面粉	低筋面粉指水分13.8%、粗蛋白质8.5%以下的面粉，用于做蛋糕、饼干、蛋挞等松散、酥脆、没有韧性的点心	
牛奶	牛奶是营养价值丰富的饮品之一，多直接饮用，也是做饮料、甜点、糖果等小零食的重要材料	
酸奶	可以用来做雪糕，还能加在打发的蛋白中，做酸奶味的点心	

制作儿童菜的常用工具

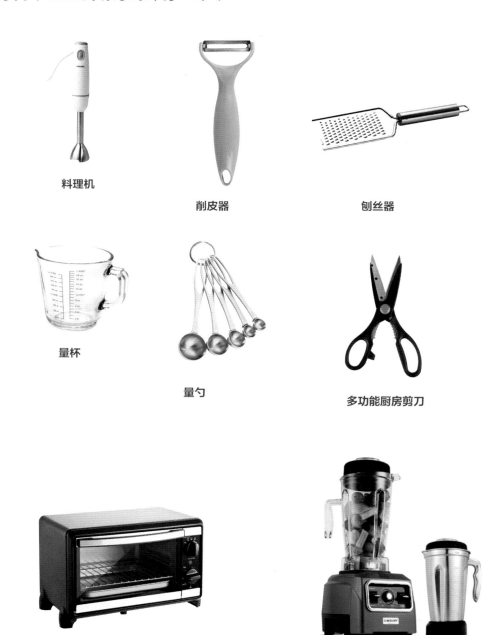

料理机

削皮器

刨丝器

量杯

量勺

多功能厨房剪刀

烤箱

榨汁机

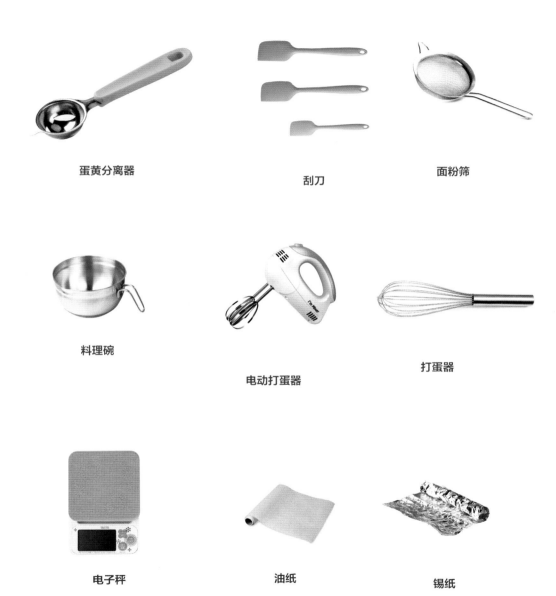

蛋黄分离器

刮刀

面粉筛

料理碗

电动打蛋器

打蛋器

电子秤

油纸

锡纸

第二章

儿童成长就是要吃肉

　　儿童处于成长发育阶段，运动消耗大、代谢能力强，因此常常会感到饥饿或对肉食有强烈的偏好。这时候，如果孩子的身高、体重正常，妈妈只需顺应孩子自身的成长所需，放心为孩子烹饪美味的鲜肉食物。

上海青含有钙、维生素C、膳食纤维等营养素，能清热解毒、润肠通便；瘦肉可改善贫血。此菜可增强食欲，改善便秘。

飘香四溢，无处可挡

● 肉末炒上海青

 烹饪方法：炒

▽ 原料
肉末80克，上海青100克

🧂 调料
盐1克，料酒、生抽、食用油各适量

🍲 做法
1. 将洗净的上海青切成细条，再切成碎末，备用。
2. 炒锅中倒入适量食用油烧热，放入肉末，炒散。
3. 淋入适量料酒、生抽，炒匀提鲜。
4. 倒入青菜碎翻炒均匀。
5. 加入盐，炒匀调味，注入清水焖片刻。
6. 关火，将炒好的菜肴盛出即可。

扫一扫看视频

【温馨提示】
　　切上海青时要保留叶子，这样能使菜肴口感更佳。

猪肝含有丰富的铁、锌、蛋白质、维生素A等营养素，对儿童的视力和身体发育有利，具有明目、补铁等作用。

保肝护眼滋补品

● 番茄洋葱炒猪肝

🍴 烹饪方法：炒

🥣 **原料**

猪肝150克，洋葱100克，番茄100克，姜片3克，蒜末3克，葱白3克

🧂 **调料**

盐1克，食用油、水淀粉各5毫升

🍲 **做法**

1.将番茄洗净切成小块；洋葱去皮洗净、切成小块。

2.洗净的猪肝切成片，装入碗中，加少许盐拌匀，入热水锅中余至转色后捞出。

3.用油起锅，倒入姜片、蒜末、葱白、洋葱块炒香。

4.倒入猪肝、番茄炒匀，加入盐、水淀粉、少许清水拌炒均匀后即可出锅。

【温馨提示】

在制作菜肴前，猪肝要清洗干净。另外，炒猪肝不要一味求嫩，否则不能杀死细菌、寄生虫卵。

【食材安全选购】

选购猪肝时应挑选质软且嫩的，手指稍用力，可插入猪肝内。

圆滚滚的小丸子

◉ 双蔬炒丸子

🍴 烹饪方法：炒

🥣 **原料**

猪肉末300克，甜豆100克，胡萝卜1根，姜片3克

🧂 **调料**

白糖10克，胡椒粉2克，食用油、盐、料酒、淀粉各适量

🍲 **做法**

1.将胡萝卜洗净后分别切成菱形。

2.猪肉末加少许盐、白糖，放入料酒、胡椒粉、淀粉，往一个方向画圈搅拌上劲。

3.把拌好的猪肉末搓成大小均匀的丸子。

4.锅内冷水加姜片烧开，放入丸子，煮至丸子浮起后捞出备用。

5.甜豆焯水1~2分钟，捞出冲冷水沥干。

6.起油锅，倒入胡萝卜片煸炒片刻，再放入甜豆翻炒，加盐和白糖调味；倒入丸子翻炒至食材入味即可。

猪肉中含丰富维生素B$_1$，比其他肉类都要高很多。精白米面中维生素B$_1$含量特别低，餐餐以精白米面为主食的人比较容易缺乏这种营养素。

【温馨提示】
最好把丸子搓小一点儿，这样烹制时更容易煮熟，丸子过大则可能出现生熟不均的情况。

菠菜中所含的胡萝卜素可在人体内转化为维生素A，能维护正常视力和上皮细胞的健康，同时促进儿童生长发育。菠菜中富含非血红素铁，是素食者铁的主要来源之一。菠菜还含有丰富的钾、镁、叶酸，是预防高血压的绿色健康食物。

营养与美味兼得

● 菠菜炒腐竹

🍴 烹饪方法：炒

🥣 原料

菠菜150克，腐竹80克，虾米5克，蒜末3克

🧂 调料

食用油5毫升，盐1克

🍲 做法

1.腐竹洗净，冷水泡软，切成小段；虾米洗净，冷水泡软，待用。

2.菠菜洗净、切段，入沸水中焯一下，捞起备用。

3.热锅起油，下入蒜末爆香，放入虾米煸炒出香味。

4.放入腐竹翻炒，加入少量清水，放入菠菜，加盐调味，翻炒均匀至熟透即可。

【温馨提示】

　　菠菜不要炒太久，以免破坏其营养；对水产品过敏的儿童可以不放虾米。

酸酸甜甜，小朋友的最爱

◉ 糖醋排骨

🍴 烹饪方法：炒

🥣 原料

排骨350克，青椒20克，鸡蛋1个，蒜末、葱白各少许

🧂 调料

盐、面粉、白醋、白糖、番茄酱、水淀粉、食用油各适量

🍲 做法

1.青椒洗净，切块；排骨斩成段；鸡蛋打入碗中。

2.排骨加少许盐、蛋液拌匀，加面粉裹匀，装盘；热油锅中放排骨炸熟，捞出。

3.锅底留油，倒入蒜末、葱白、青椒块炒香，加水、白醋、白糖、番茄酱、盐，炒匀，加水淀粉勾芡，倒入排骨炒匀，盛出即可。

【温馨提示】
倒入排骨后，要不停地翻炒以免煳锅，但烹饪时间不宜过久。调味要准确，糖醋比例可根据个人的口味调整。

糖醋排骨的味道酸甜适口，非常开胃，适合胃口不佳的孩子食用。

排骨有很高的营养价值，除含丰富的蛋白质、脂肪、维生素外，还含有大量的磷酸钙、骨胶原、骨黏蛋白等，可起到强健骨骼的作用。

原汁原味营养足

● 土豆蒸排骨

🍴 烹饪方法：清蒸

🥣 原料

排骨150克，土豆80克，姜丝3克

🧂 调料

淀粉5克，生抽5毫升，盐1克

🍲 做法

1.将土豆去皮洗净，切成小块，放入蒸盘，待用。

2.洗净的排骨斩成小块，加少许盐、淀粉、生抽拌匀腌渍。

3.排骨铺在土豆上，撒上姜丝。

4.锅中烧水，水开后将蒸盘放入蒸锅，蒸30分钟即可。

【温馨提示】

　　排骨用调味料拌匀后，再用少许干淀粉拌匀，在排骨表面形成薄薄的一层糊，这样在蒸的过程中，能很好地保持排骨内部的水分，排骨会比较嫩。

【食材选购指南】

　　新鲜的排骨外观颜色鲜红，肉质紧密。用手指用力按压，排骨上的肉应当能迅速地恢复原状，表面有点干，或略显湿润但不粘手。

牛肉含有丰富的优质蛋白质、维生素及矿物质等营养素，儿童食用可增强免疫力。金针菇含有丰富的膳食纤维等多种营养物质，其中的膳食纤维有益于肠道健康。

美味有嚼劲

● 金针菇炒牛肉

🍴 烹饪方法：炒

🥣 原料

牛肉150克，金针菇100克，姜片3克

🧂 调料

淀粉3克，蚝油5毫升，生抽5毫升，食用油5毫升

🍲 做法

1.将洗净的牛肉横切片，放入蚝油、生抽、淀粉，加入少许食用油，用手抓匀，腌制25分钟。

2.洗净的金针菇切除根部，挤干水分备用。

3.平底锅中放入食用油烧热，倒入姜片炒香。

4.倒入牛肉，快炒至5分熟，放入金针菇炒熟，即可出锅。

【温馨提示】

　　牛肉已腌制入味，所以不需要再放调味品。

【食材选购指南】

　　选购牛肉应选择有光泽，色泽均匀，呈红色，稍暗，脂肪颜色为乳白色或者淡黄色，外表微干且不粘手，弹性好的为佳。

筋道的牛排很有味

● 洋葱牛小排

🥣 原料

家庭牛排片300克，洋葱45克

🧂 调料

橄榄油5毫升

🍲 做法

1.将洗净的洋葱切成片。

2.煎锅置火上，注入橄榄油，烧至五六成热，放入备好的家庭牛排片，煎出香味。

3.翻转肉片，煎两面断生，倒入切好的洋葱，大火炒匀至牛排七成熟，关火后盛出即可。

【温馨提示】

　　煎牛排时宜用小火，以免表面焦煳，影响口感。

牛肉中富含优质蛋白质，可促进儿童的生长发育。而且牛肉中富含人体所需的血红素铁，颜色越深的部位含量越高，补铁效果就越好，能很好地预防儿童缺铁性贫血。

羊肉+小米，滋补佳品
● 羊肉片炒小米

🍴 烹饪方法：炒

🥣 原料
小米100克，羊肉片250克，鸡蛋1
个，豌豆苗适量

🧂 调料
食用油、盐各适量

🍲 做法
1.豌豆苗掐去老根，洗净备用；鸡
蛋分开蛋黄和蛋白。

羊肉含有丰富的优质蛋白质、铁、锌等营养物质，对预防儿童贫血、缺锌有帮助。羊肉虽含有一些饱和脂肪酸和胆固醇，对于瘦弱者、体重正常的儿童吃些饱和脂肪酸和胆固醇是无害的。

2.羊肉片提前汆水，开水入锅，变
色立即捞出沥干，并用纸巾将肉片上的水分擦干，再滑油片刻捞出。

3.小米洗净后焯水，煮1~2分钟后捞出，装入蒸锅中，上汽后蒸5~6分钟。

4.在蒸制好的小米中打入鸡蛋黄，拌匀，放入烧热的油锅中，炒到小米在锅中跳起即
可盛出。

5.锅中注油烧热，将蛋清炒成小块，然后倒入小米、羊肉片，调入盐，炒匀；倒入豌豆
苗，炒匀后即可出锅。

【温馨提示】
　　炒制小米的时候，注意不要下太多油，火候宜用中小火，以
确保成品的口感与色泽。

羊肉性温热，如果身体本身怕冷，手脚冰凉，气力不足，吃这个自然是恰到好处。尤其适合秋冬轻进补食用。

这鲜香，让人垂涎欲滴

◉ 大葱炒羊肉

🍴 **烹饪方法：炒**

🥣 **原料**

羊肉片130克，大葱段70克

🧂 **调料**

黄豆酱适量，盐、白胡椒粉各1克，生抽、水淀粉、食用油各5毫升

🍲 **做法**

1.羊肉片装碗，加入盐、白胡椒粉、水淀粉、少许食用油，搅拌均匀，腌渍10分钟至入味。

2.热锅注油，倒入腌好的羊肉片，炒约1分钟至转色。

3.倒入黄豆酱，放入大葱，翻炒出香味，加入生抽，大火翻炒约1分钟至入味，关火后盛出即可。

【温馨提示】
    羊肉本身富有鲜味，可不放鸡粉，保持羊肉的原有滋味。

【食材选购指南】
    好的羊肉皮呈白色，肉呈红色，有光泽，肉细而紧密，有弹性，外表略干，不黏手，气味新鲜，无其他异味。

竹笋鲜甜，鸡丝鲜嫩

◉ 竹笋炒鸡丝

竹笋含有纤维素、钙、磷、铁、胡萝卜素、维生素等营养成分，具有润肠排便、增强免疫力等功效。

🍴 烹饪方法：炒

🥣 原料

竹笋170克，鸡胸肉230克，彩椒35克，姜末、蒜末各少许

🧂 调料

盐2克，料酒3毫升，水淀粉、食用油各适量

🍲 做法

1.竹笋、彩椒洗净，切丝，将竹笋焯水后捞出。

2.将鸡胸肉洗净后切细丝，加少许盐、水淀粉、食用油抓匀，腌渍入味。

3.热锅注油，倒入姜末、蒜末爆香，倒入切好的鸡胸肉丝，淋入料酒炒香，倒入彩椒丝、竹笋丝翻炒，出锅前加盐拌炒入味即可。

【温馨提示】
　　笋尖部分宜顺切，下部宜横切，这样烹制时不但易熟烂，而且更易入味。

马蹄口感甜脆，营养丰富，含有糖类、维生素B_1、维生素B_2、锌、镁等营养物质。

精致美味的鸡肉卷

◉ 马蹄鸡肉卷

🍴 烹饪方法：煎蒸

🥣 原料

鸡胸肉150克，马蹄100克，腐皮适量，香菜丝少许

🧂 调料

生抽5毫升，食用油5毫升，淀粉3克

🍲 做法

1.洗净的鸡胸肉切成丝，然后剁成泥，加入少许生抽、淀粉、食用油拌匀，腌渍。

2.马蹄削皮、洗净，切碎，拌入鸡肉泥中。

3.将洗净的腐皮铺平，放上调好的鸡肉泥，卷起切小段，用香菜丝绑起上锅蒸熟即可。

【温馨提示】

　　为了让这道菜更加营养健康，应避免用煎、炸的方式。

【食材选购指南】

　　马蹄如果有刺鼻的味道，或别的异味，最好不要购买，因为这种马蹄可能是被浸泡处理过。鸡肉应选择肉质紧密排列、颜色纯正而有光泽的，不要挑选表面较干或含水较多、脂肪稀松的。

鸡肉含丰富的优质蛋白质，其脂肪和牛肉、猪肉比较，含有较多的不饱和脂肪酸。鸡肉中脂肪最少的是鸡胸肉，大腿肉次之，鸡翅脂肪含量则比较高。整体而言，去皮鸡肉是一种低脂肪高蛋白的食材，可作为儿童成长发育优质蛋白质的良好食物来源之一。

小饼里面有大营养

◉ 五彩鸡丁

🍴 烹饪方法：炒

🥣 原料

鸡胸肉200克，玉米粒50克，胡萝卜50克，青豆50克

🧂 调料

盐、白糖各2克，食用油5毫升

🍲 做法

1.将鸡胸肉洗净、去掉筋膜，切成小丁，加入少许盐、白糖拌匀，腌渍一会儿。

2.将胡萝卜洗净、去皮、切成丁；将玉米粒、青豆分别洗净，待用。

3.用油起锅，下入鸡丁，炒至颜色发白即盛出，锅底留油。

4.倒入青豆、玉米粒、胡萝卜丁翻炒至八成熟，倒入鸡丁，炒匀后加盐调味即可。

【温馨提示】
　　腌渍鸡胸肉时，加入少许蛋清，可使鸡胸肉变得更滑嫩。

【食材选购指南】
　　新鲜的鸡肉肉质排列紧密，颜色呈干净的粉红色而有光泽；皮呈米色，有光泽，毛囊突出。不要挑选肉和皮的表面比较干，或者含水较多、脂肪稀松的鸡肉。

鸡肝含有丰富的钙、铁、锌、硒、维生素A、B族维生素。其中维生素A的含量远远超过奶、蛋、肉、鱼等食品，具有维持正常生长的作用，能保护眼睛，维持正常视力，防止眼睛干涩、疲劳。

保护视力吃鸡肝

◉ 鸡肝蒸肉饼

🍴 烹饪方法：蒸

🥣 原料

里脊肉30克，鸡肝1块，嫩豆腐1/3块，鸡蛋1个

🧂 调料

生抽、盐、白砂糖、淀粉各适量

🍲 做法

1.豆腐放入滚水中煮2分钟，捞起沥干水，压成蓉。

2.将鸡肝、里脊肉洗净，抹干水后剁成碎末。

3.将里脊肉、鸡肝、豆腐一起放入大碗中，加入鸡蛋清拌匀，加入调料拌匀，放在碟上，做成圆饼形，蒸7分钟至熟即可。

【温馨提示】
    用不完的鸡肝可以用保鲜盒装好，放入冰箱冷冻室速冻，留待下一次使用。

鸭肉含有蛋白质、不饱和脂肪酸、维生素B$_1$、维生素B$_2$、烟酸、钙、磷等营养成分，且其易于消化，具有提高免疫力的作用。

五彩缤纷的美食

黄瓜彩椒炒鸭肉

🍴 烹饪方法：炒

🥣 原料

鸭肉180克，黄瓜90克，彩椒30克，葱段、姜片各少许

🧂 调料

盐、水淀粉、生抽、食用油、料酒各适量

🍲 做法

1.洗净的彩椒切小块；洗净的黄瓜去子切小块，装入碗中，备用。

2.将处理干净的鸭肉去皮，切丁装碗，加少许水淀粉、生抽、料酒腌渍约15分钟。

3.用食用油滑锅，放姜片、葱段爆香，倒入鸭肉丁，快速翻炒至变色。

4.淋料酒，放入彩椒块、黄瓜块，加盐、生抽、水淀粉，翻炒均匀，至食材入味。

5.盛出炒好的菜肴，装盘即可。

扫一扫看视频

【温馨提示】
鸭肉油脂含量较少，因此炒制时间不要过久，以免影响口感。

鸭胗含有蛋白质、维生素A、维生素E、钙、镁、铁、锌等营养成分，具有补充铁质、保护视力的作用。

脆爽有嚼劲

 ## 蒜薹炒鸭胗

🍴 **烹饪方法：炒**

🥣 **原料**

蒜薹120克，鸭胗230克，红椒5克，姜片、葱段各少许

🧂 **调料**

盐4克，生抽7毫升，料酒7毫升，小苏打、水淀粉、食用油各适量

🍲 **做法**

1.洗净的蒜薹切长段；洗好的红椒去子，切细丝；洗净的鸭胗切片。

2.鸭胗装入碗中，加入少许生抽、盐、小苏打、水淀粉、料酒、拌匀，腌渍约10分钟，至其入味。

3.锅中注水烧开，加入少许食用油、少许盐、蒜薹段、拌匀，煮约半分钟，至六七成熟，捞出；把鸭胗片倒入沸水锅中，拌匀，煮约1分钟，捞出。

4.油爆红椒丝、姜片、葱段，放入鸭胗片、生抽、料酒、蒜薹段、盐、炒匀，倒入水淀粉，炒入味，盛出炒好的菜肴即可。

【温馨提示】
　　炒鸭胗时宜用大火快炒，这样炒出的鸭胗口感更佳。

酸酸甜甜，小朋友的最爱

● 银鱼炒蛋

烹饪方法：炒

🥣 原料

鸡蛋2个，银鱼干适量，
生姜片5克，葱花5克

🧂 调料

食用油适量，盐2克

【温馨提示】
　　鸡蛋本身含有丰富的谷氨酸及氯化钠，加温后这两种物质会生成一种新的物质——谷氨酸钠，即味精的主要成分，所以炒鸡蛋吃起来味道很鲜美。因此炒鸡蛋时放入味精，不仅会破坏鸡蛋的自然鲜味，而且会过量摄入钠离子，对健康无益。

🍲 做法

1.银鱼干用水泡发，洗净沥干待用。

2.油锅烧热，下入生姜片爆香，捞出生姜片。

3.锅里放入银鱼干煸炒2分钟后盛出待用。

4.鸡蛋打成蛋液，加盐搅拌好，倒入留有余油的炒锅中，待蛋液稍凝固，下银鱼一起翻炒均匀，撒葱花即可。

银鱼含有丰富的蛋白质、脂肪、糖类、多种维生素和矿物质等成分，其营养价值极高，具有增强免疫力、延缓衰老、滋阴润肺、防癌抗糖等功效。

扫一扫看视频

鸡蛋黄中的卵磷脂可以健脑益智、改善记忆力。鸡蛋黄中含有维生素A、维生素D、维生素E和维生素K，绝大多数B族维生素也存在于鸡蛋黄当中。

爱吃鸡蛋营养好

● 什锦鸡蛋卷

🥣 原料

鸡蛋2个，面粉50克，胡萝卜100克，黄瓜100克

🧂 调料

盐1克，食用油5毫升

♨ 做法

1.将黄瓜、胡萝卜洗净后去皮、切成丝；鸡蛋打散，待用。

2.鸡蛋液中放入面粉、盐、黄瓜丝、胡萝卜丝沿一个方向搅拌均匀。

3.锅中放油烧热后，倒入鸡蛋液，摊平，煎至金黄后翻面，待两面煎至金黄，从一侧卷起，出锅切成小段即可。

【温馨提示】

　　煎蛋时要注意火力，以免鸡蛋煎焦。

【食材选购指南】

　　鲜蛋的蛋壳上附着一层霜状粉末，蛋壳颜色鲜明、气孔明显则属于新鲜之品。用手轻轻摇动，没有声音的是鲜蛋，有水声的是坏蛋。将鸡蛋放入冷水中，下沉的是鲜蛋，上浮的是坏蛋。

韭菜中含有丰富的膳食纤维，素有"洗肠草"的称号，所以有利于排便。但不宜过多食用，否则大量的粗纤维会刺激肠壁，往往会引起腹泻。

做法简单，味道精致

● 韭菜煎鸡蛋

🥣 **原料**

韭菜60克，鸡蛋2个

🧂 **调料**

盐1克，食用油5毫升

🍲 **做法**

1.将韭菜洗净后切碎，待用。

2.取一干净的碗，打入鸡蛋，打散；再加入韭菜碎、盐，拌匀。

3.用油起锅，烧八成热，调小火，在锅的中间位置慢慢倒入蛋液使之呈圆形，转中火。

4.煎至鸡蛋一面金黄时，用锅铲把鸡蛋翻面，再煎至两面金黄即可。

【温馨提示】

　　韭菜和鸡蛋都不宜煎至过熟。

【食材选购指南】

　　根部粗壮，截口较平整，韭菜叶直，颜色鲜嫩翠绿的韭菜为佳品，拿着韭菜根部叶子能够直立。如果叶子松垮下垂，说明不新鲜了。叶子枯萎、凌乱、变黄、有虫眼的韭菜不要购买，看着太粗壮、不鲜嫩的，需谨慎购买。

鸭蛋含有蛋白质、磷脂、维生素A、B族维生素、钙、钾、铁、磷等营养物质，和鸡蛋一样，是营养价值非常丰富的一种食材。

蔬菜与蛋黄并存

● 咸鸭蛋黄炒什锦

||| 烹饪方法：炒

🍚 原料

咸鸭蛋黄4个，玉米粒30克，荷兰豆30克，胡萝卜30克

🧂 调料

食用油适量

🍲 做法

1.胡萝卜去皮，切丁；将玉米粒、荷兰豆、胡萝卜丁放入沸水中焯一下，捞出沥干。

2.将咸鸭蛋黄捣成泥待用。

3.锅内放适量食用油，倒入蛋黄泥，翻炒均匀，加入少量水。

4.倒入焯好的玉米粒、荷兰豆、胡萝卜丁，不断翻炒至咸鸭蛋黄呈沙状即可。

【温馨提示】
　　咸鸭蛋黄本身含有较多的盐分，所以炒制此菜时可以不放盐。

滋阴润燥的佳品
● 鹌鹑蛋烧板栗

鹌鹑蛋的营养价值很高，富含B族维生素、磷脂、蛋白质等成分，其所含的蛋白质极易被人体吸收，适合处于生长发育期的儿童食用。

🍴 烹饪方法：烧

🥣 原料

熟鹌鹑蛋80克，胡萝卜50克，板栗肉40克，红枣10克

🧂 调料

盐2克，生抽5毫升，淀粉15克，水淀粉、食用油各适量

🍲 做法

1.将熟鹌鹑蛋放入碗中，加入生抽、淀粉，拌匀。

2.去皮洗净的胡萝卜切滚刀块；洗好的板栗肉切小块。

3.热锅注油烧热，下入鹌鹑蛋，炸至表面呈虎皮状，倒入板栗肉，再炸至水分全干，捞出炸好的食材，沥干待用。

4.用油起锅，注入适量清水，倒入洗净的红枣、胡萝卜块，放入炸过的食材，拌匀，加入盐，盖上锅盖，煮至熟。

5.取下盖子，转用大火，翻炒几下，至汤汁收浓，淋入适量水淀粉勾芡，装碗即可。

【温馨提示】
　　熟鹌鹑蛋的表皮很嫩，炸的时候要选用中小火，以免炸糊。

菠菜含有胡萝卜素、维生素C、维生素K、钙、磷、铁等营养成分，具有通肠导便、抗氧化等功效。

菜丸汤，很鲜甜

● 菠菜肉丸汤

烹饪方法：煮

🍲 原料

菠菜70克，肉末110克，姜末、葱花各少许

🧂 调料

盐2克，生抽2毫升，淀粉12克，食用油适量

🍲 做法

1.洗净的菠菜切段。

2.把肉末装入碗中，倒入姜末、葱花，加1克盐、淀粉，拌匀至其起劲。

3.锅中注入适量清水烧开，将拌好的肉末挤成丸子，放入锅中，用大火略煮，撇去浮沫。

4.加入食用油、盐、生抽，倒入菠菜段搅拌均匀，煮至断生盛入碗中即可。

【温馨提示】
　　菠菜先用开水焯一下，可除去部分草酸。

简单清香的一道汤

◉ 冬瓜瘦肉汤

🍴 烹饪方法：煮

🍚 **原料**

猪瘦肉150克，姜片3克，
冬瓜250克

🧂 **调料**

盐、食用油、水淀粉
各适量

【温馨提示】

　　冬瓜瓤去子后，加入
汤锅中一起煮，不仅味道
佳，营养价值也更高。

【食材选购指南】

　　挑选冬瓜要选发育充
分、老熟、肉质结实、肉
厚；皮色青绿、带白霜、
形状端正，表
皮无斑点和外
伤，皮不软，
不腐烂的。

🍲 **做法**

1.将冬瓜洗净去皮后，切薄片，待用。

2.将猪瘦肉洗净后切片，加入少许盐、水淀粉、少许
食用油拌匀，腌渍约10分钟。

3.锅中注入适量清水烧开，倒入姜片、冬瓜，淋入
少许食用油，用中火煮约5分钟。

4.放入肉片，煮至变色，加入盐拌匀，续煮片刻至
食材入味即可。

冬瓜中所含的丙醇二酸，能有效
抑制糖类转化为脂肪，再加上冬
瓜本身热量不高，因而适合肥胖
儿童食用。

咬一口莲藕，粉绵粉绵的口感

● 莲藕排骨汤

🍴 烹饪方法：煮

🥣 原料

莲藕250克，排骨段200克，生姜、葱、胡萝卜片、花生米各少许

🧂 调料

盐3克，料酒少许

🍲 做法

1.将所有原料洗净；生姜切细丝，葱切细末，莲藕切小块，待用。

2.锅中注水烧开，放入排骨段，汆水，捞出沥干。

3.锅中注水烧热，放姜丝、花生米、排骨，拌匀。

4.取砂锅置火上，盛入锅中的材料，盖好盖，用小火煮至排骨熟软，放入莲藕块、盐、料酒，拌匀调味，小火续煮至食材入味，撒入葱末、胡萝卜片即成。

莲藕营养丰富，其含有黏液蛋白和膳食纤维，能与食物中的胆固醇及三酰甘油结合，使其从粪便中排出，从而减少脂类的吸收。莲藕散发出一种独特清香，能增进食欲，促进消化，对于食欲不振有改善。

【温馨提示】
    切好的莲藕要放入凉水中浸泡，以防氧化变黑。

【食材选购指南】
    莲藕应选藕节短、藕身粗，外皮呈黄褐色、肉肥厚而白的。排骨要选肉颜色明亮呈红色，摸起来感觉肉质紧密，表面微干或略显湿润，不粘手的。

排骨营养丰富，含有优质蛋白、脂肪、多种维生素及矿物质。其中血红素铁和促进铁吸收的半胱氨酸，能很好地预防和改善缺铁性贫血。

白萝卜爽脆清甜，排骨汤不再油腻

● 黄豆萝卜排骨汤

🍴 烹饪方法：煮

🥣 原料

排骨200克，白萝卜100克，黄豆30克，姜片3克

🧂 调料

胡椒粉3克，盐1克

🍲 做法

1.洗净的排骨斩成小块，放入沸水锅中余去血水、杂质，捞起，冲洗干净。

2.洗净的黄豆冷水浸泡；洗净的白萝卜削皮、切滚刀块。

3.锅中放入清水、排骨、黄豆、姜片，大火烧开后转小火煮30分钟。

4.加入萝卜块，加盐调味，撒入少许胡椒粉，继续煮15分钟即可。

【温馨提示】

　　煮排骨汤时应注意，最好用高压锅，时间不宜太长，这样容易保留较多的营养成分。

【食材选购指南】

　　新鲜的排骨外观颜色鲜红，用手指按压排骨后能迅速恢复原状，且表面应有点干，或略显湿润但不粘手。

挑逗你的味蕾

● 花生胡椒猪肚汤

🍴 烹饪方法：炖

🥣 原料

猪肚300克，花生米50克，姜片3克，
葱段3克

🧂 调料

胡椒粉3克，盐1克

🍲 做法

1.将花生米洗净后泡入冷水中；姜片、葱
段洗净后待用。

2.将猪肚洗净后切成小块，放入锅中，
注入适量清水，用大火烧开，略煮一会
儿，汆去血水、捞出，沥干水分待用。

3.砂锅中注入适量清水，用大火烧热，倒
入猪肚块、花生米、姜片、葱段，大火
烧开。

4.烧开后，转小火续炖40分钟至所有食材
熟软。

5.撒入胡椒粉，再煮片刻，加盐调味，盛
出装碗即可。

猪肚属于高蛋白低脂肪的食物，尽管胆固醇高点，热量却并不太高，且富含人体所需的多种维生素及矿物质元素。对于正常体重的儿童而言，偶尔吃些内脏（比如一个月两三次）是可以的，但是卫生方面必须有保障。

【温馨提示】
　　猪肚不易煮熟软，可多煮一会儿。

【食材选购要点】
　　猪肚应看肚壁和肚的底部有无出血块或坏死的发紫发黑组织，如果有较大的出血面就是病猪肚。新鲜的猪肚富有弹性和光泽，白色中略带浅黄色，黏液多，质地坚而厚实。

羊肉口感鲜嫩，营养价值很高，含有蛋白质、脂肪、糖类、矿物质、维生素B_1、维生素B_2、烟酸等成分，具有补血、强身等作用。

视觉和味觉上的双重享受

● 番茄羊肉汤

🍴 烹饪方法：煮

🥣 原料

羊肉100克，番茄100克，高汤适量

🧂 调料

盐1克，芝麻油3毫升

🍲 做法

1.将羊肉洗净后切片；番茄洗净后切小块，待用。

2.砂锅中注入高汤煮沸，放入羊肉、番茄，盖上锅盖，用小火煮约20分钟至熟。

3.揭开锅盖，放入盐，淋入芝麻油，搅拌匀。

4.关火后盛出煮好的汤料，装入碗中即可。

【温馨提示】

　　羊肉最好切得小一些，这样更容易煮熟。番茄不可煮太久，以免失去其口感。

【食材选购指南】

　　一般的羊肉色呈清爽的鲜红色，好的羊肉肉壁厚度一般在4～5厘米。

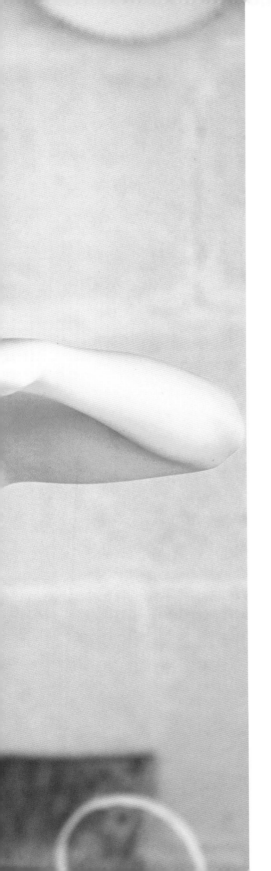

第三章

鲜美水产，爱吃更聪明

　　让孩子爱上吃饭到底难不难？营养师告诉你，并不难！

　　了解孩子的身体所需营养素，选购健康、安全的事物，提高自身厨艺，满足孩子对食物的色、香、味的追求，做到这几点，孩子就会爱上吃饭！

口感细嫩的鱼肉

● 紫甘蓝鲈鱼沙拉

 烹饪方法：蒸、拌

🍲 原料

鲈鱼150克，紫甘蓝100
克，圆白菜100克

🧂 调料

盐、橄榄油、白醋各
适量

【温馨提示】

　　蒸鱼的时间不可太
长，否则鱼蒸得太老，影
响鲈鱼的细嫩口感。

🍳 做法

1.将鲈鱼用少许盐和橄榄油腌制5分钟，蒸熟备用。

2.将紫甘蓝、圆白菜洗净后沥干，切成丝，备用。

3.将切成丝后的紫甘蓝、圆白菜放入沸水中焯1分
钟，捞出沥干水分放入装有鲈鱼的盘中。

4.盘中倒入盐、橄榄油、白醋，搅拌均匀即可。

鲈鱼脂肪中的不饱和脂肪酸以DHA、
EPA为主。除此之外鲈鱼中含有丰
富的优质蛋白质、钙、锌、硒、铜
及多种维生素，具有很高的营养价
值。特别适合成长发育阶段的儿童
食用。

鱼肉蘸点豉汁，美味极鲜

◉ 豉油蒸鲤鱼

🍴 烹饪方法：蒸

🥣 **原料**

净鲤鱼300克，姜片20克，葱条15克，彩椒丝、姜丝、葱丝各少许

🧂 **调料**

盐3克，胡椒粉2克，蒸鱼豉油15毫升，食用油少许

鲤鱼含优质蛋白质、磷脂、钙、磷、硒等营养成分，彩椒富含维生素C，两者搭配，更有利于营养吸收。

🍲 **做法**

1.取蒸盘，摆上洗净的葱条，放入处理好的鲤鱼，放上姜片，撒上盐腌渍。

2.蒸锅烧开，放入蒸盘。

3.盖上盖，用大火蒸约7分钟，至食材熟透。

4.揭开盖，取出蒸好的鲤鱼。

5.拣出姜片、葱条，撒上姜丝，放上彩椒丝、葱丝。

6.撒上胡椒粉，浇上少许热油，淋入蒸鱼豉油即成。

【温馨提示】
    在鲤鱼上切几处花刀再撒上盐，这样会更容易入味。

带鱼富含优质蛋白质、脂肪、镁、磷、硒、锌、钙、维生素A、维生素B_1、维生素B_2等多种营养成分。其中的镁元素，对心血管系统有很好的保护作用。

鱼刺少还很香的带鱼

● 香煎带鱼

🍴 烹饪方法：煎

🥣 原料

带鱼200克，姜片3克，葱花3克

🧂 调料

白糖3克，盐1克，食用油5毫升，生抽少许

🍲 做法

1.将带鱼处理干净、切成段。

2.放入葱花、姜片、盐、白糖拌匀，腌渍10分钟入味。

3.热锅注油，放入带鱼，用中火煎片刻。

4.用锅铲翻面，改用小火再煎约2分钟至熟透，淋入少许生抽提鲜，出锅装盘即成。

【温馨提示】
　　腌渍好的带鱼用厨房用纸擦干，否则水分太多，煎的时候容易散碎。对水产过敏的儿童慎食。

【食材选购指南】
　　选购带鱼时，挑选外表无破损且肉厚，鱼身光亮，眼睛外凸黑白分明，鱼肚完好，鱼鳃鲜红的。将鱼拿起来，看是否软趴趴的，鱼身硬度越好，则鲜度越好。用鼻子闻一下带鱼是否有异味，正常保鲜带鱼是不会发出腥臭味的。

鳕鱼含丰富蛋白质、DHA、EPA、维生素A、维生素D、钙、镁、硒等营养素，营养丰富、肉味甘美，吃起来很清口。

鳕鱼营养高，儿童当吃

◉ 鳕鱼菜饼

🍴 烹饪方法：烤

🥣 原料

鳕鱼200克，奶油生菜100克，鸡蛋1个

🧂 调料

盐、食用油各适量

🍲 做法

1.奶油生菜清洗干净，沥去水分，切成碎末；鸡蛋煮熟后，取蛋黄压成泥。

2.鳕鱼清洗干净，切成厚片，撒上盐腌10分钟，摆入烤盘。

3.烤箱预热170℃，将烤盘放入烤箱中，上下火均为170℃烘烤10分钟。

4.中火烧炒锅中的油，放入生菜末、蛋黄泥，翻炒均匀。

5.将炒好的蛋黄泥盖在烤好的鳕鱼片上即可。

【温馨提示】

　　鳕鱼品质最好的是银鳕鱼。银鳕鱼的营养价值居所有鱼类之首，在欧洲被称为餐桌上的"营养师"。

【食材选购指南】

　　优质鳕鱼肉颜色洁白，鱼肉上面没有那种特别粗特别明显的红线，鱼鳞非常密，解冻以后摸鱼皮，很光滑像有一层黏液膜一样的手感。

墨鱼是一种高蛋白质低脂肪的滋补食品，还含有维生素A、B族维生素、钙、硒、锌等营养物质。

不再找借口不吃墨鱼啦

● 彩椒韭菜薹炒墨鱼

🥣 原料

韭菜薹150克，墨鱼100克，彩椒40克，姜片3克，蒜末3克

🧂 调料

盐1克，水淀粉5毫升，食用油5毫升

🍲 做法

1.洗净的韭菜薹切段；洗好的彩椒切成粗丝；洗净的墨鱼切开，切上花刀，改切成小块。

2.锅中注入适量清水烧开，倒入切好的墨鱼，煮约半分钟，余去腥味后捞出，沥干水分。

3.用油起锅，放入姜片、蒜末爆香，倒入余过水的墨鱼，再放入彩椒丝，翻炒匀。

4.倒入韭菜薹段，翻炒至断生，加盐调味，倒入水淀粉，翻炒至食材熟软、入味即可。

【温馨提示】

　　在墨鱼上切的花刀要紧密整齐一些，这样炒出的菜肴会更美观。对水产过敏的儿童慎食。

【食材选购指南】

　　品质优良的鲜墨鱼，身上有很多小斑点，并隐约有闪闪的光泽，肉身挺硬、透明。鲜墨鱼身体后端应当略带黄色或红色，像是被火烧焦的样子，头与身体连接紧密，不易扯断。

有着浓郁奶香味的虾

● 奶油炒虾

🍴 烹饪方法：炒

🍲 原料

草虾200克，洋葱15克，
蒜10克，奶油10克

🧂 调料

盐2克，食用油适量

【温馨提示】
　　炒虾的时候注意火不
要太旺，以免炒焦。

🍳 做法

1.剪掉草虾长须、尖刺及后脚，将虾背剪开，挑去虾
线，洗净，沥干水分。

2.将洋葱及蒜切末。

3.锅中加入油，放入草虾煎至其表皮变色，捞出
待用。

4.另起锅，加入奶油、洋葱末、蒜末，用小火炒
香，再放入草虾，调入盐，用大火翻炒片刻即可。

虾仁营养丰富，富含钙、蛋白质、
钾、碘、维生素A等营养成分，且其
肉质松软、味道鲜美，容易消化。

视觉与味觉的双重享受
● 虾仁炒西蓝花

虾仁富含多种矿物质，能够促进儿童骨骼、牙齿的发育；西蓝花含有维生素C、胡萝卜素、矿物质等营养成分，具有提高机体免疫功能、促进生长发育等功效。

🍴 **烹饪方法：炒**

🥣 **原料**

西蓝花230克，虾仁60克

🧂 **调料**

盐、水淀粉、食用油各适量

🍲 **做法**

1.洗净的西蓝花切成小朵备用。

2.虾仁洗净去虾线，加少许盐、水淀粉腌渍入味。

3.锅中加水烧开，加少许食用油、盐，倒入洗净的西蓝花，煮熟捞出装盘。

4.起锅，倒入适量食用油加热。

5.倒入腌渍好的虾仁，拌匀，炒至虾身卷起并呈现淡红色。

6.关火，将炒好的虾盛放在西蓝花上即可。

【温馨提示】

　　焯蔬菜时，加入少许盐和油可使蔬菜焯后色泽更美观。

【食材安全选购】

　　西蓝花以菜株亮丽、花蕾紧密结实的为佳，花球表面无凹凸、整体有隆起感的为良品。

虾仁营养丰富，蛋白质含量高，还富含钾、碘、镁、钙、锌、硒、维生素A等营养成分，而且肉质松软、味道鲜美，还易消化，特别适合儿童食用。

营养丰富的一道菜

◉ 虾仁炒玉米

🍴 烹饪方法：炒

🥣 原料

虾仁100克，玉米粒150克，胡萝卜50克

🧂 调料

盐1克，水淀粉5毫升，白糖3克，食用油适量

🍲 做法

1.胡萝卜洗净、去皮、切丁，与玉米粒同入沸水中，焯至断生，捞起，沥干水分备用。

2.虾仁洗净，切成丁，加少许盐、白糖、水淀粉拌匀腌渍。

3.用油起锅，倒入虾肉翻炒片刻，加入玉米粒、胡萝卜，拌炒约2分钟至熟。

4.撒入少许盐、白糖调味，用水淀粉勾薄芡，即可出锅。

【温馨提示】

　　虾仁易熟，不宜炒太久，以免失去鲜嫩的口感。对水产过敏的儿童慎食。

【食材选购指南】

　　质量好的虾仁肉细结实，洁净无斑，青白色，光亮，有鲜味，大小均匀。如闻起来味道刺鼻或肉质过于松软则为不新鲜，不宜购买。

虽然虾皮本身含钙量高，但是吸收率并不理想。要想吸收钙，首先要将钙溶解出来，虾皮在胃里面被胃酸作用之后，能溶解出来的只是很少的部分。大部分钙会随着不消化的残渣一起排出体外。不推荐将虾皮作为补钙的食物来源。

简单且清爽的佳肴

◉ 虾皮烧冬瓜

🍴 烹饪方法：烧

🥣 原料

冬瓜250克，虾皮3克

🧂 调料

盐、食用油各适量

🍲 做法

1.将冬瓜洗净后去皮，切成小块；虾皮洗净。

2.锅置火上放食用油烧热，放入冬瓜块翻炒一会儿。

3.加入虾皮、盐、少许水调匀，盖上锅盖，烧透入味即可。

【温馨提示】

　　虾皮本身太咸，又有腥味，放多了不利于健康，且腥味重不好吃。另一方面，虾皮中含有微量的亚硝胺类致癌物，放多了也同样不利健康。虾皮偶尔作为调味的选择，少量食用即可。食用时一定要减盐。

炒出不一样的蛤蜊菜

◉ 腰果莴笋炒蛤蜊

🍴 烹饪方法：炒

🥣 原料

莴笋100克，腰果50克，
蛤蜊50克，鸡蛋清少许

🧂 调料

盐1克，食用油5毫升，
水淀粉5毫升

【温馨提示】

　　蛤蜊肉入锅后不宜炒
太久，否则会失去其鲜滑
的口感。对水产过敏的儿
童慎食。

【食材选购指南】

　　选购蛤蜊时，可拿起轻
敲，若为"砰砰"声，则是
死的，不宜购买；相反，若
为"咯咯"较清脆的声音，
则是活的。

🍲 做法

1.莴笋洗净去皮，切成小丁；蛤蜊洗净去壳，挖肉。

2.莴笋丁焯水，盛出；蛤蜊肉汆水，蛤蜊肉用鸡蛋
清、水淀粉腌渍一下。

4.油锅烧七成热，先煸炒蛤蜊肉片刻，再倒入莴笋
丁和腰果，翻炒均匀，加盐调味即可。

蛤蜊有很高的营养价值，其含有丰
富的蛋白质、脂肪和多种矿物质；
腰果含有丰富的维生素E，具有抗氧
化、提高肌体免疫力的功效。

海带含碘量很高，同时含有钙、锌等矿物质及海带胶，所含热量很低；老豆腐为优质植物蛋白，含钙、钾、镁等营养物质。

十分柔软易消化的一道菜

● 海带烧豆腐

🍴 烹饪方法：烧

🥣 原料

水发海带丝100克，老豆腐1块，熟豌豆丁30克，高汤适量

🧂 调料

芝麻油、盐各少许

🍲 做法

1.将老豆腐切成小块，待用。

2.锅中放入高汤煮沸，加入水发海带丝煮烂。

3.将老豆腐块、豌豆丁放入高汤锅中，上盖小火焖5分钟。

4.揭开锅盖，滴入芝麻油，调入少许盐即可出锅。

【温馨提示】

　　海带烧豆腐中的熟豌豆丁可以换成熟黄豆丁，不仅味道会更加香浓，营养也更丰富。

【食材选购指南】

　　海带应选择黑褐或深绿色、形状宽长、边缘无碎裂、质地厚实的。豆腐要选择有浓浓豆香味、微黄或淡黄、软硬适度，富有一定的弹性，质地细嫩，结构均匀，无杂质的。如果组织结构粗糙而松散，触之易碎，无弹性，有杂质，且表面发黏闻起来有异味的，则不要购买。

鲢鱼富含优质蛋白质、脂肪类、多种维生素、钙、锌、硒等营养物质，对儿童大脑、肌肉及骨骼发育特别有益。

去掉鱼刺的时候要细心

● 花鲢鱼丸

🍴 烹饪方法：煮

🥣 原料
鲢鱼500克，葱花、姜丝各少许

🧂 调料
盐适量

🍲 做法
1.将葱花、姜丝加水煮好，放凉待用。

2.将鲢鱼蒸熟后去掉鱼刺，将鱼肉剁碎放入盘中。

3.放入葱、姜水搅拌，并加入适量盐，搅拌均匀后待用。

4.用锅将水加热至温，用手将鱼肉挤到锅内，待全部挤好后，大火将鱼丸烧开，至鱼丸上浮即可。

【温馨提示】
　　制作鱼肉碎时可以手工剁也可以使用绞肉机。

【食材选购指南】
　　选购鲢鱼时，要选择腹腔够大而且狭窄的，头要够大，眼睛要小的，鳞片要细小，呈现出银白色的鲢鱼才是好的新鲜的鲢鱼。

番茄含有丰富的有机酸，具有开胃助消化的作用。鲫鱼含有丰富的优质蛋白质，常食鲫鱼可增强免疫力，促进儿童生长发育。

让你胃口大开吃得下

● 番茄炖鲫鱼

🍴 烹饪方法：炖

🥣 原料

鲫鱼250克，番茄85克，葱花1克

🧂 调料

盐1克，食用油5毫升

🍲 做法

1.洗净的番茄切片，备用。

2.用油起锅，放入处理好的鲫鱼，用小火煎至断生，注入适量清水，用大火煮沸。

3.盖上锅盖，转中火炖约10分钟。

4.揭开锅盖，倒入番茄拌匀，撇去浮沫，炖至食材熟透。

5.加盐调味，关火后盛出，撒上葱花即可。

【温馨提示】

番茄不要煮太久，否则口感不佳。

【食材选购指南】

选购鲫鱼时，尽量选择身体扁平、色泽偏白的，这样的鲫鱼肉质鲜嫩、色泽味美；应避免选择那些体肥、颜色暗沉的鲫鱼。

上海青含有粗纤维、胡萝卜素、维生素B$_2$、维生素C、钙、磷、钾等营养成分，具有改善便秘、保持血管弹性、增强免疫力等功效。

【温馨提示】

　　用咸肉做菜时最好加入少许料酒，这样肉质的色泽更亮丽。

美味享不停

● 虾仁炖豆腐

🍴 烹饪方法：炖

🥣 原料

豆腐160克，虾仁65克，上海青85克，咸肉75克，干贝25克，姜片、葱段各少许，高汤350毫升

🧂 调料

盐2克，料酒5毫升

🍲 做法

1.虾仁去虾线；上海青切开，再切小瓣；豆腐切小块；咸肉切薄片。

2.锅中注水烧开，倒入上海青，煮至断生，捞出；倒入咸肉片，淋入少许料酒，煮去多余盐分，捞出。

3.砂锅置火上，倒入高汤，放入干贝，倒入咸肉片，撒上姜片、葱段，淋入料酒，烧开后用小火炖30分钟，放入盐调味。

4.倒入虾仁，放入豆腐块，拌匀，盖上盖，小火续炖约10分钟。

5.放入焯熟的上海青即可。

鲜香一绝的鱼头汤

豆腐炖鱼头

🍴 烹饪方法：炖

🥣 原料

豆腐块200克，草鱼头150克，香菇10克，冬笋20克，高汤400毫升，葱段3克，姜片3克

🧂 调料

胡椒粉3克，盐2克，食用油8毫升

🍲 做法

1.锅中注入适量清水烧开，倒入切好的豆腐、冬笋、香菇，煮5分钟，捞出煮好的食材，放入盘中备用。

2.锅内倒入食用油烧热，放入姜片爆香，放入处理好的草鱼头，煎至两面金黄，往锅内倒入备好的高汤，煮至沸。

3.将锅内的鱼头汤倒入准备好的砂锅中，大火煮沸后，转小火炖25分钟，倒入焯过水的豆腐、冬笋、香菇，放入盐、胡椒粉，搅拌均匀，煮沸后加入葱段即可。

鱼头含有蛋白质、不饱和脂肪酸、钙、磷、硒、B族维生素等营养成分。鱼头中的动物蛋白质搭配豆腐中的植物蛋白质，可以提高蛋白质的吸收利用率。

【温馨提示】
可以先用生姜擦锅底，这样能防止煎鱼头的时候粘锅。

简单的食材，不简单的营养

紫菜蛋花汤

紫菜营养丰富，含碘量很高。常食紫菜可提高机体的免疫力，显著降低血清胆固醇的总含量。

烹饪方法：煮

原料

紫菜5克，鸡蛋1个，虾皮10克

调料

盐、胡椒粉各适量

做法

1.把干净紫菜撕成小片，放入盘中备用；鸡蛋打入碗中搅匀备用。

2.锅中放入清水，大火烧开放入虾皮与紫菜，再把搅匀的蛋液均匀地撒入锅中，烧开关火。

3.开锅后加入盐、胡椒粉搅匀调味即可。

【温馨提示】
　　一定要在水煮沸后再倒入蛋液拌匀，这样才不会使蛋液粘在锅底。

可促进新陈代谢的滋补靓汤

淡菜海带排骨汤

🍴 烹饪方法：炖

🥣 原料

排骨段260克，水发海带丝150克，淡菜40克，姜片、葱段各少许

🧂 调料

盐2克，料酒7毫升，胡椒粉少许

🍲 做法

1.锅中注入适量清水烧开，放入洗净的排骨段，淋入少许料酒，汆去血水，捞出排骨，沥干水分，待用。

2.砂锅中注入适量清水烧热，倒入汆过水的排骨段。

3.撒上姜片、葱段，倒入洗净的淡菜。

4.放入洗好的海带丝，淋入料酒。

5.盖上盖，烧开后用小火炖约50分钟至食材熟透。

6.加入盐，撒上胡椒粉，拌匀，略煮片刻至汤汁入味即可。

淡菜属于高蛋白质低脂肪的健康食物，且脂肪以不饱和脂肪酸为主。另外，淡菜含有丰富的钙、磷、铁、锌、B族维生素等营养物质。由于淡菜所含的营养成分很丰富，对于保证大脑和身体活动的营养供给具有积极的作用，所以淡菜素有"海中鸡蛋"的美誉。

【温馨提示】
淡菜宜用温水清洗，这样能减轻其腥味。

海带营养价值高，富含丰富的碘、钙、岩藻多糖等多种对身体有益的营养成分。海带中含有的甘露醇，呈白色粉末状附着在海带表面，具有很好的药用价值，具有降血压、利尿的作用。海带中含有的岩藻多糖可以调节肠道健康，预防便秘，具有很好的瘦身效果。

身体强壮免疫力好

● 海带牛骨汤

🍴 烹饪方法：炖

🍜 原料

牛骨500克，海带结100克，姜片3克，葱段3克

🧂 调料

盐1克

🍲 做法

1.将所有原料洗净后，海带结放入清水中浸泡，待用。

2.锅中注入适量的清水大火烧开，倒入牛骨，氽去杂质后将牛骨捞出，沥干水分，倒入空锅中。

3.放入泡软的海带结、姜片、葱段，加入适量的清水，用大火煮开。

4.煮开后，转小火炖一小时，调入盐调味即可食用。

【温馨提示】

　　食用海带前，应当先洗净，再浸泡，然后将浸泡的水和海带一起下锅做汤食用。这样可避免溶于水中的甘露醇和某些维生素被丢弃，从而保存海带中的有效成分。

【食材选购指南】

　　选购海带时应挑选质厚实、形状宽长、色浓黑褐或深绿、边缘无碎裂或黄化现象的优质海带。

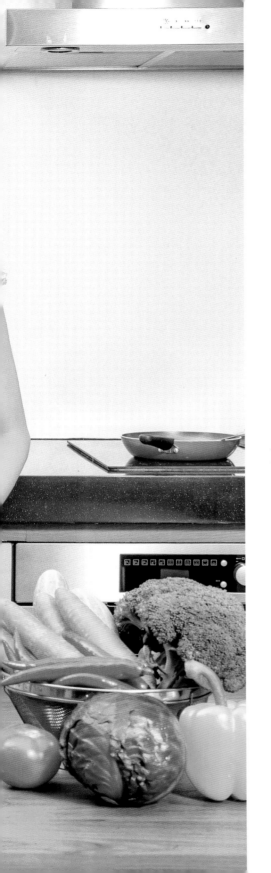

第四章

爱上蔬菜，就是这么简单

蔬菜在食材中占有很大的比例，因此我们的日常饮食中少不了蔬菜，烹饪蔬菜的方式多种多样，有炒、煮、拌等，选择各式蔬菜，巧妙利用刀工切蔬菜，采用合适的烹饪方法，为孩子呈现健康又美味的菜肴。

玉米中的玉米胚芽，是玉米粒中营养价值最高的，富含延缓人体衰老的维生素E，还有丰富的脂肪酸、蛋白质等多种营养物质。

简单又好吃

● 玉米青豆沙拉

🍴 烹饪方法：拌

🥣 原料

玉米50克，圣女果50克，青豆50克

🧂 调料

橄榄油、盐、白糖、醋各适量

🍲 做法

1.玉米洗净，蒸至熟，放凉。

2.青豆洗净，煮熟，捞出装碗待用。

3.圣女果洗净，切瓣，装入盛有青豆的碗中。

4.取一小碟，加入橄榄油、盐、醋和白糖，拌匀，调成料汁。

5.将蒸熟的玉米取出，切小块，放入碗中。

6.将拌好的料汁淋在食材上即可。

【温馨提示】
　　煮青豆时可加入少许食用油，能使青豆的色泽更翠绿。

【食材选购指南】
　　购买生玉米时，以外皮鲜绿、果粒饱满的玉米为佳，以七八成熟的为好，太老的口味欠佳。

美味沙拉吃起来

● 竹笋彩椒沙拉

🥣 **原料**

竹笋200克，彩椒适量

🧂 **调料**

盐、白醋、橄榄油各适量

🍲 **做法**

1.竹笋洗净，切成斜段；彩椒洗净，切丝。

2.锅内加水烧沸，放入竹笋段、彩椒丝，焯熟后，捞起沥干装入盘中。

3.加入盐、白醋、橄榄油，拌匀后即可。

【温馨提示】

　焯竹笋的时间不可太长，否则会影响其脆嫩口感。

竹笋含有丰富的钙、磷、硒、胡萝卜素及多种维生素，具有低脂肪、多纤维的特点。常食用竹笋能促进肠道蠕动，帮助消化。

● 橄榄油拌西芹玉米

西芹含有丰富的膳食纤维、芹菜素等营养物质，对预防三高有很好的帮助。此外，西芹叶中的胡萝卜素、维生素C、维生素B_1、钾、镁等物质均高于芹菜茎，食用的时候千万不要丢掉芹菜叶这个宝贝。

🍴 **烹饪方法：拌**

🍲 **原料**

西芹90克，鲜玉米粒80克，蒜末少许

🧂 **调料**

盐、白糖各3克，陈醋8毫升，橄榄油10毫升，食用油少许

🍲 **做法**

1.西芹洗净，切成段。

2.锅中注入适量清水烧开，加入适量盐、食用油，倒入西芹段、玉米粒，焯熟，捞出沥干水分，备用。

3.将焯熟的食物装入碗中，撒上蒜末，加入盐、白糖，淋上橄榄油、陈醋拌匀。

4.将拌好的食材装入盘中即可。

【温馨提示】
  焯西芹和玉米时，要掌握好时间，断生即可。

莴笋味道清新且略带苦味，可刺激消化酶分泌，增进食欲。莴笋含钾丰富，对高血压、水肿、心脏病人有一定的食疗作用，莴笋含有多种维生素和矿物质，具有调节神经系统功能的作用。此外莴笋含有大量植物纤维素，能促进肠蠕动，助排便。

一根根，一条条

● 凉拌三丝

🍴 烹饪方法：拌

🥣 **原料**

胡萝卜50克，莴笋50克，豆腐皮80克

🧂 **调料**

盐1克，白糖3克，老醋3毫升，芝麻油3毫升

1

2

🍲 **做法**

1.将莴笋、胡萝卜洗净后去皮、切丝；豆腐皮洗净、切丝。

2.将豆腐皮丝、胡萝卜丝、莴笋丝放入热水中焯一下，捞起后过冷水，沥干水分。

3.把莴笋丝、豆腐皮丝、胡萝卜丝混合，加入盐、白糖、老醋、芝麻油，充分搅拌均匀即可。

3

【温馨提示】

　　焯莴笋时一定要注意时间和温度，焯的时间过长、温度过高会使莴笋绵软，失去清脆的口感。

【食材选购指南】

　　胡萝卜要挑选外表光滑，没有裂口的；个头上选择中等偏小的不要挑选个头过大的，同等大小，要挑选有沉重感的。

金针菇具有热量低、高蛋白质、低脂肪、高膳食纤维、多种维生素、多种矿物质的营养特点，具有健脑益智、抑制血脂升高、调节肠道健康等作用。

最爱的爽脆白萝卜

● 白萝卜拌金针菇

🍴 烹饪方法：拌

🥣 原料

白萝卜200克，金针菇100克，红甜椒20克，黄甜椒20克，蒜末少许，葱花少许

🧂 调料

盐2克，白糖5克，辣椒油、芝麻油各适量

🍲 做法

1.洗净去皮的白萝卜和洗好的红、黄甜椒均切成细丝。

2.洗净的金针菇切去根部。

3.水烧开，倒入金针菇煮至断生，捞出放入凉开水中，洗净后沥干水分。

4.取一碗，倒入白萝卜丝、红甜椒丝、黄甜椒丝、金针菇，撒上蒜末。

5.加入盐、白糖，淋入辣椒油、芝麻油，撒上葱花，拌匀后装盘。

【温馨提示】

　　白萝卜含水分较多，可先用盐腌渍一会儿，挤干水分。金针菇纤维丰富，不可贪食。

【食材选购指南】

　　品质良好的金针菇菌盖中央较边缘颜色稍深，菌柄上浅下深，颜色应该是淡黄至黄褐色，还有一种色泽白嫩的乳白色，不管是白是黄，颜色要均匀、鲜亮。

紫甘蓝含有胡萝卜素、糖类、多种矿物质、维生素等营养成分，具有帮助消化、增强免疫力等功效。紫甘蓝中含花青素，具有很好的抗氧化、保护视力的作用。

紫甘蓝凉拌，营养流失少

● 紫甘蓝拌鸡蛋皮

🍴 烹饪方法：拌

🥣 原料

鸡蛋1个，紫甘蓝50克

🧂 调料

盐1克，芝麻油3毫升，白醋3毫升，食用油适量

🍲 做法

1.鸡蛋敲开，搅打成蛋液；洗好的紫甘蓝切丝，待用。

2.起油锅，倒入蛋液，摊成蛋皮，盛出，放凉后切丝。

3.将鸡蛋丝、紫甘蓝丝装碗，加入盐、芝麻油、白醋，拌匀后盛盘即可。

【温馨提示】

　　搅打蛋液时应顺着同一方向打，直至蛋液变得细滑。

【食材选购指南】

　　挑选紫甘蓝先用手掂分量，沉点的比较好，说明水分足，结构紧凑；再看颜色，光泽度越高的就是越新鲜。

腐竹富含蛋白质，营养价值较高；其含有的卵磷脂可除掉附在血管壁上的胆固醇，防止血管硬化，预防心血管疾病，保护心脏；腐竹中还含有丰富的钙，可以促进小儿骨骼发育，防止老人因缺钙引起的骨质疏松。

小白菜还可以再多一点儿

● 小白菜蘑菇炒腐竹

🍴 烹饪方法：炒

🥣 原料

腐竹80克，鲜蘑菇80克，小白菜100克，姜丝3克

🧂 调料

盐1克，食用油5毫升，生抽5毫升

🍲 做法

1.小白菜洗净后切成小块，鲜蘑菇洗净后切成小块，待用。

2.将腐竹折成小段，洗净，放入冷水中浸软，捞起、沥干。

3.用油起锅，倒入姜丝炒香，放入小白菜翻炒均匀。

4.倒入蘑菇、腐竹，加生抽，翻炒均匀至熟透，最后加盐调味即可。

【温馨提示】

    腐竹须用凉水泡发，这样可使腐竹整洁美观，如用热水泡则容易碎烂。

【食材选购指南】

    优质的腐竹会有种豆香味和鲜味，颜色淡黄，表面上泛着光，很干净，而且好的腐竹多为枝条或者片状，折断后是有空心的，劣质的多为实心。

西葫芦本身水分可以达到95%，热量低、高钾低钠，不仅是瘦身的选择，也是预防高血压的绿色健康食物。西葫芦的子热量相对果肉会高一些。

超美味的西葫芦

◉ 西葫芦炒土豆丝

🍴 烹饪方法：炒

🥣 原料

西葫芦100克，土豆80克，蒜末3克，葱段3克

🧂 调料

食用油5毫升，盐适量

🍲 做法

1.将西葫芦洗净，切成丝；土豆洗净去皮，切成丝，待用。

2.锅中注入适量清水烧开，放入少许盐，倒入土豆丝，焯约1分钟，至其断生后捞出，沥干水分。

3.用油起锅，放入蒜末、葱段，爆香，倒入西葫芦丝，快速炒至其变软。

4.倒入焯过的土豆丝，翻炒均匀至熟透，加入盐调味即可盛出装盘。

【温馨提示】

　　西葫芦肉质很嫩，切丝要切得粗细均匀菜肴的口感才好。

【食材选购指南】

　　挑选西葫芦的时候，先看表皮，饱满且富有光泽，颜色越绿越嫩。如果表面出现一些小坑，是缺水的表现，可能存放时间过长，不建议购买。同样大小要选相对沉一些的，是含水分比较多的。水分流失的西葫芦非常难吃，口感不好。

荷兰豆相比其他蔬菜，蛋白质、胡萝卜素含量颇高，无论是对于成长阶段的孩子，还是对成人而言，都是不错的健康绿色食物选择。

荷塘小炒，爽口清新

◉ 荷兰豆炒藕片

🍴 **烹饪方法：炒**

🍲 **原料**

荷兰豆150克，莲藕150克，胡萝卜50克

🧂 **调料**

盐1克，食用油5毫升

🍳 **做法**

1.将胡萝卜洗净、去皮后切成薄片；荷兰豆去掉老筋，清洗干净，切成两半，待用。

2.将莲藕洗净、去皮后切成薄片，放入冷水中浸泡，待用。

3.炒锅放油烧热后，加入沥干水分的藕片、胡萝卜片翻炒3分钟。

4.倒入荷兰豆，炒至荷兰豆转色熟透，加盐调味即可。

【温馨提示】
　　没切过的莲藕可在室温中放置一周的时间。因莲藕容易变黑，切面孔的部分容易腐烂，所以切过的莲藕要在切口处覆以保鲜膜，可冷藏保鲜一周左右。

圆滚滚的胡萝卜球

● 桑巴胡萝卜球

🍴 烹饪方法：炸

胡萝卜含有胡萝卜素、B族维生素、维生素C、维生素D、维生素E、维生素K、叶酸、钙、膳食纤维等营养成分，具有预防血管硬化、降低胆固醇含量、滋润皮肤、延缓衰老等功效。

🥣 原料

胡萝卜150克，鸡蛋1个，面粉适量，葱花少许

🧂 调料

盐2克，食用油适量

🍲 做法

1.胡萝卜洗净，去皮，切细丝，装入盘中备用。

2.胡萝卜丝加盐拌匀，挤出水分沥干，备用。

3.鸡蛋打入碗中，调制成蛋液，浇在胡萝卜丝上。

4.撒上葱花，放入面粉拌至起劲，制成丸子。

5.热锅注油烧热，将丸子放入油锅，炸至变黄、熟透。

6.关火，捞出沥干油，装盘即可。

【温馨提示】
　　胡萝卜丝切得细一些，可以缩短烹饪时间，口感也更好。

香干富含丰富的蛋白质、维生素A、B族维生素、钙、钾、镁等营养物质。

每一粒都很赞

◉ 香干烩时蔬

🍴 烹饪方法：烩

🥣 原料

香干1片，胡萝卜30克，青豆30克，鲜玉米粒30克，葱10克，蒜10克

🧂 调料

盐1克，生抽10毫升，蚝油5克，水淀粉5毫升，白糖3克，胡椒粉3克，食用油适量

🍲 做法

1.香干洗净，切丁，盛入碗中备用。

2.胡萝卜洗净，切丁；青豆、鲜玉米粒洗净；葱切成葱花；蒜切末。

3.将生抽、蚝油、白糖和胡椒粉调匀，制成味汁。

4.用油起锅，放入部分蒜末爆香，加入香干丁翻炒1分钟，加入青豆、鲜玉米粒、胡萝卜丁，炒匀后加盐调味。

5.加入味汁，大火煮开后转小火煮约3分钟，加入剩余的蒜末和葱花翻炒匀，加水淀粉勾薄芡即成。

【温馨提示】

香干本身有咸味，炒制此菜时盐可以少放一点。在选购时要注意不宜选购含油量较高的香干。

106

缤纷多彩的素菜

◉ 彩椒山药炒玉米

🍴 烹饪方法：炒

🥣 原料

鲜玉米粒60克，彩椒25克，圆椒20克，山药120克

🧂 调料

盐2克，白糖2克，水淀粉10毫升，食用油适量

🍲 做法

1.洗净的彩椒切块；洗好的圆椒切块；洗净去皮的山药切丁。

2.锅中注入清水烧开，倒入玉米粒、山药丁、彩椒块、圆椒块，加入少许食用油、盐，拌匀，煮至断生，捞出焯过水的食材，沥干水分。

3.用油起锅，倒入焯过水的食材，翻炒均匀。

4.加入盐、白糖、水淀粉，炒匀，盛出炒好的菜肴即可。

玉米含丰富的膳食纤维，有助于肠健康。玉米中的叶黄素和玉米黄素具有保护眼睛的作用。玉米作为粗粮的一种，可做主食也可入菜。最好不要在三餐之外当零食额外吃，因为它含大量淀粉，一样会引起肥胖。

【温馨提示】

若没有新鲜玉米，可选用罐装的甜玉米粒，口感也很好。

107

春笋味道清淡鲜嫩，营养丰富，含有植物蛋白、钙、镁、硒、多种维生素等人体必需的营养成分。特别是纤维素含量很高，常食可帮助消化、防止便秘。

荤素搭配很爽口

● 鲜笋炒肉片

🍴 烹饪方法：炒

🥣 原料

猪肉80克，春笋150克，姜丝5克

🧂 调料

盐1克，食用油5毫升

🍲 做法

1.将猪肉、春笋洗净，分别切成薄片，春笋焯水后装碗备用。

2.炒锅放油，下入姜丝爆香后，再放入肉片炒熟。

3.放入笋片，翻炒至熟透。

4.加盐调味，出锅装盘即可。

【温馨提示】

　　春笋近笋尖部的地方宜顺切，下部宜横切，这样烹制时不但易熟烂，而且更易入味。

【食材选购指南】

　　可根据外形、颜色来判断笋的品质，竹笋节与节之间的距离要近，距离越近的笋越嫩。竹笋的外壳色泽呈鲜黄或嫩黄色的较新鲜。

豆腐可以提供丰富的植物蛋白和大量的钙。用植物蛋白替代部分动物性食品，对控制慢性疾病有利；对于不喜欢奶制品的人，用豆腐替代奶制品，也可以让身体获得足够的钙。

【温馨提示】

　　豆腐切好后最好放入淡盐水中泡一会儿，不仅味道会更好，也不容易煮破。

软软的豆腐好喜欢

● 什锦豆腐

🍴 烹饪方法：煮

🥣 原料

豆腐150克，竹笋50克，青椒15克，胡萝卜20克，蒜末3克，葱花3克

🧂 调料

生抽5毫升，水淀粉5毫升，食用油5毫升，芝麻油3毫升，盐1克

🍲 做法

1.将洗净去皮的胡萝卜、竹笋切成小丁；洗净的青椒切开、去子、切成粒；洗好的豆腐切成小块。

2.炒锅注油烧热，下入蒜末爆香，倒入胡萝卜丁、竹笋丁、青椒粒翻炒均匀。

3.加适量清水，用大火加热，加入盐、生抽，汤汁将沸时下入豆腐块，拌匀。

4.煮至食材入味，转中火使汤汁收浓，淋入水淀粉勾芡，放入芝麻油，撒上葱花，炒匀即可。

一朵朵秀珍菇，味道很鲜

● 清炒袖珍菇

🍴 烹饪方法：炒

🥣 原料

袖珍菇100克，姜末、蒜末、葱末各少许

🧂 调料

盐2克，蚝油4克，料酒3毫升，生抽4毫升，水淀粉、食用油各适量

🍲 做法

1.袖珍菇洗净，撕小片，装盘备用。

2.用油起锅，下入姜末、蒜末爆香，放入袖珍菇，注入少许清水，翻炒至熟软。

3.淋入料酒炒香，放生抽、蚝油，加盐调味，淋入水淀粉勾芡，撒葱末炒香即可。

【温馨提示】

袖珍菇不宜长时间浸泡在水中，以免撕成小片时将菌肉弄碎，影响菜肴的美观。

秀珍菇是一种高蛋白质、低脂肪的营养食品，鲜美可口，具有独特的风味，有"味精菇"之美誉。儿童食用秀珍菇，有开胃助消化的作用。

荷兰豆含有多种营养成分，其中包括较为丰富的纤维素，有清肠作用，可以防治儿童便秘。

绿色健康味道好

● 口蘑炒荷兰豆

🥣 原料

荷兰豆120克，口蘑75克，蒜末3克

🧂 调料

盐少许，食用油5毫升

🍲 做法

1.将洗净的口蘑切成小块；洗净的荷兰豆择去老筋。

2.锅中注入适量清水烧开，倒入口蘑，用大火煮一会儿，捞出、沥干水分。

3.加入少许食用油、盐，倒入荷兰豆，煮至变色，捞出，沥干水分。

4.用油起锅，倒入蒜末炒香，加少许清水，倒入口蘑、荷兰豆炒匀，加少许盐调味，翻炒至食材入味，即可。

【温馨提示】

　　炒制荷兰豆时火要大，油要热，且要快速翻炒，这样可以使荷兰豆颜色翠绿、口感脆嫩。

【食材选购指南】

　　比较嫩的荷兰豆颜色呈嫩绿色，而且豆荚里面的豆粒儿是扁扁的，豆筋是细细的，凸出来露在外面。如果颜色很深，而且里面的豆粒儿很大很饱满，长豆筋的位置凹进去，说明比较老，不建议购买。买荷兰豆时，还可以抓起几根，轻轻捏一下，如果感觉声音是脆脆的，说明比较嫩。

杏鲍菇营养丰富，味道鲜美，口感极好。让儿童经常食用杏鲍菇有助于增进食欲、提高智力、增强免疫力。

● 杏鲍菇炒西蓝花

🍴 烹饪方法：炒

🥣 原料

西蓝花100克，杏鲍菇80克，蒜末3克

🧂 调料

食用油5毫升，盐1克

🍲 做法

1.将西蓝花洗净后切成小朵；杏鲍菇洗净后切成小块，待用。

2.锅中注入适量清水烧开，分别放入西蓝花、杏鲍菇焯至断生，捞起过凉水。

3.用油起锅，下入蒜末炒香，放入杏鲍菇、西蓝花煸炒均匀。

4.放入盐调味，出锅即可。

【温馨提示】

　　蘑菇虽好，不宜大量食用。建议健康人每天吃鲜蘑菇或水发后的蘑菇不超过100克，这样既可以丰富蔬菜的种类又可以增加膳食纤维摄入量，对预防慢性病的发生有帮助。

【食材选购指南】

　　西蓝花以菜株亮丽、花蕾紧密结实的为佳，花球表面无凹凸，整体有隆起感的为良品。

冬菇冬笋炒芥蓝

烹饪方法：炒

原料

冬笋100克，冬菇50克，芥蓝100克

调料

生抽5毫升，食用油5毫升，盐2克

1

2

3

4

做法

1.择洗干净的芥蓝切段。

2.将冬笋洗净后切丝，开水焯熟，捞起沥干；冬菇洗净后切片，开水焯熟，捞起沥干。

3.炒锅烧热油，放入芥蓝翻炒片刻，再放入冬笋丝，加生抽炒匀。

4.放入冬菇片，加盐翻炒均匀即可。

【温馨提示】

香菇和冬笋提前用水焯一下，烹炒的时候就不会出水了。

青豆富含不饱和脂肪酸和大豆磷脂，还含有丰富的维生素A、维生素E、维生素K及多种B族维生素，能补充儿童所需的营养，增强身体免疫力。

一口便能吃进三样食物

🔘 鸡油炒青豆

🍴 烹饪方法：炒

🥣 **原料**
火腿肠1根，青豆150克，胡萝卜50克

🧂 **调料**
盐4克，水淀粉适量，鸡油5毫升

🍲 **做法**
1.火腿、胡萝卜洗净切丁。

2.胡萝卜丁、青豆焯水后捞出。

3.用鸡油起锅，倒入火腿肠，炒香，倒入焯过水的食材，加盐，放入水淀粉勾芡，盛出即可。

【温馨提示】
　　鸡油不要加入太多，以免掩盖了青豆和胡萝卜本身的鲜味。

健康的美味

● 松仁毛豆炒雪里蕻

🍴 烹饪方法：炒

🥣 原料

松仁20克，毛豆50克，雪里蕻150克，蒜末3克，姜末3克

🧂 调料

白糖3克，盐1克，生抽3毫升，食用油5毫升

🍲 做法

1.将洗净的毛豆放入沸水锅中煮3分钟，捞起，沥干水分，待用。

2.择洗干净的雪里蕻切去根部，再切碎，放入锅中焯半分钟后捞起，沥干水分，待用。

3.用油起锅，下入蒜末、姜末炒香，放入毛豆、雪里蕻翻炒均匀，倒入松仁、生抽，翻炒片刻。

4.加入白糖、盐，炒匀调味即可。

毛豆富含植物蛋白、脂类、钾、镁等物质，B族维生素和膳食纤维含量也特别丰富，同时还含有皂苷、低聚糖等保健成分，对于保护心脑血管和控制血压、肠健康都有帮助。毛豆本身是热量高的蔬菜，控制一天一小把的食用量。

【温馨提示】
　　烹制松仁毛豆炒雪里蕻时，宜用中火快速翻炒，这样炒出的食材口感更佳。

蒜香茄香，入口即化的美食

● 蒜泥茄子

🍴 烹饪方法：蒸

🍚 原料

茄子300克，蒜泥30克，
熟白芝麻20克

🧂 调料

芝麻酱35克，盐1克，
白糖2克，生抽5毫升

🍲 做法

1.洗净的茄子切粗条，待用。

2.芝麻酱中放入盐、白糖、生抽、蒜泥，放入少许凉
开水，搅拌均匀，搅匀成酱汁，待用。

3.蒸锅中注水烧开，放入茄子，蒸15分钟至熟软。

4.蒸好后取出茄子，往茄子上淋入酱汁，撒上白芝
麻即可。

【温馨提示】
    茄子蒸熟后可以撕
成丝，这样拌酱汁时会
更入味。

茄子是一种营养价值高，脂肪和热量极低的蔬
菜。茄子中含有丰富的生物类黄酮，也被称为维
生素P，对于预防高血压、冠心病和动脉硬化等
有一定益处。茄子当中还有大量的钾，钾在人体
中有着重要的生理功能，能维持细胞内的渗透
压，参与能量代谢过程，维持神经肌肉正常的兴
奋性，还有利于控制血压。

夏季经典甜汤，好喝极了

● 绿豆杏仁百合甜汤

🍴 烹饪方法：煮

🥣 原料

水发绿豆140克，鲜百合45克，
杏仁少许

🍲 做法

1.砂锅中注入适量清水烧开，倒入洗好的绿豆、
杏仁。

2.烧开后用小火煮约30分钟，倒入洗净的百合，
拌匀。

3.用小火煮约15分钟至食材熟透，拌匀后关火盛
出即可。

【温馨提示】
本菜可加少许冰糖
或者蜂蜜调味，味道会
更佳。

绿豆的主要营养成分是蛋白质和淀粉。绿豆皮里面含有大量的抗氧化成分、生物碱、豆固醇、香豆素及膳食纤维等。此外，绿豆富含B族维生素。

芦笋营养价值丰富，味道鲜美，软嫩可口，属于低糖、低脂肪、高纤维素、高维生素食品，是绿色健康食材。芦笋中富含矿物质，其中硒含量颇丰，具有很好的抗氧化、提高机体免疫力、抗癌的功效。

菜色诱人，口感也极佳

● 芦笋玉米番茄汤

🍴 烹饪方法：煮

🥣 原料
玉米、芦笋、番茄各100克

🧂 调料
盐、食用油各适量

🍲 做法
1.将洗净的芦笋切成段，洗好的玉米棒切成小块，洗净的番茄切成小块。

2.砂锅中加入适量清水烧开，倒入切好的玉米棒，放入番茄块，煮沸后用小火煮约15分钟，至食材熟软。

3.揭盖，淋上食用油，倒入芦笋段，拌匀，加入盐，拌匀调味，续煮一会儿，至食材熟透。

4.关火后盛出煮好的汤即成。

【温馨提示】
　　番茄易熟，也可与芦笋一起放入锅中，这样番茄的口感就不会太绵软。

【食材选购指南】
　　选购芦笋时，应以全株形状正直，表皮鲜亮不萎缩，细嫩粗大新鲜者为宜。

丝瓜口感好、营养多，其含有的黏液物质、维生素B$_1$、维生素C、钾、镁等营养物质对健康有益，也是美肤、延缓衰老的天然佳品，素有"美容瓜"的美誉。

好喝的解暑汤

● 丝瓜蛋花汤

🍴 烹饪方法：煮

🍚 原料

丝瓜150克，虾皮少许，鸡蛋1个，葱花少许，骨头汤150毫升

🧂 调料

盐少量

🍲 做法

1.丝瓜刮去外皮洗净切片，虾皮用温水泡软洗净，鸡蛋打散。

2.将骨头汤和虾皮放入锅中用中火烧开。

3.放入丝瓜片煮熟、煮软，将蛋液倒入汤中煮开，撒入盐、葱花调味即可。

【温馨提示】

　　丝瓜汁水丰富，宜现切现做，以免营养成分随汁水流失。丝瓜的味道清甜，烹煮时不宜加酱油和豆瓣酱等口味较重的酱料，以免抢味。

【食材选购指南】

　　丝瓜应挑选鲜嫩、结实、光亮、皮色为嫩绿或淡绿色、果肉顶端比较饱满、无臃肿感的。

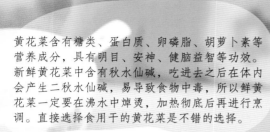

黄花菜含有糖类、蛋白质、卵磷脂、胡萝卜素等营养成分，具有明目、安神、健脑益智等功效。新鲜黄花菜中含有秋水仙碱，吃进去之后在体内会产生二秋水仙碱，易导致食物中毒，所以鲜黄花菜一定要在沸水中焯烫，加热彻底后再进行烹调。直接选择食用干的黄花菜是不错的选择。

健脑益智的佳品

● 黄花菜鸡蛋汤

🍴 **烹饪方法：煮**

🥣 **原料**

水发黄花菜100克，鸡蛋1个，葱花3克

🧂 **调料**

盐1克，食用油3毫升

🍲 **做法**

1.将洗净的黄花菜切去根部，将鸡蛋打散。

2.锅中注入适量清水烧开，加入盐、油，放入切好的黄花菜，搅拌匀，用中火煮至熟软。

3.倒入蛋液，边煮边搅拌，煮至蛋花浮出液面。

4.关火盛出，撒上葱花即成。

【 温馨提示 】
　　锅中的汤汁沸腾后再倒入蛋液搅拌，这样蛋花才更易成形。

清爽又鲜甜

● 平菇豆腐瘦肉汤

烹饪方法：煮

🥣 原料

猪瘦肉80克，葱花5
克，豆腐100克，鲜平
菇100克

🧂 调料

食用油5毫升，盐1
克，胡椒粉3克，淀粉
3克

【温馨提示】
　　豆腐可以先用沸
水焯一下，去除豆腥
味，在煮汤时也会更容
易入味。

🍲 做法

1.将洗净的猪肉切成薄片，加入少许食盐、淀粉，抓
匀腌渍。

2.洗净的平菇撕成小块；洗净的豆腐切块，待用。

3.用油起锅，炒香葱花，放入适量清水，加入豆
腐、平菇，大火煮沸。

4.煮三两分钟后，下入腌渍好的肉片，再次煮沸，加盐调味，撒上胡椒粉即可。

平菇富含蛋白质、多种矿物质、多
种维生素、纤维素等营养成分，常
食用平菇可以起到增强免疫力、调
节肠胃健康等功效。

保护视力多喝此汤

● 猪肝胡萝卜汤

 烹饪方法：煮

▬ 原料

猪肝50克，胡萝卜100克

⬛ 调料

食盐1克

做法

1.将猪肝洗干净去膜，切成小块，用清水浸泡1小时后，切成小粒，待用。

2.将胡萝卜洗净后去皮切片。

3.锅中放入适量水烧开，放入猪肝、胡萝卜，煮熟后撒盐调味即可。

【温馨提示】
　　猪肝不要煮太久，以免煮得过老，影响口感。

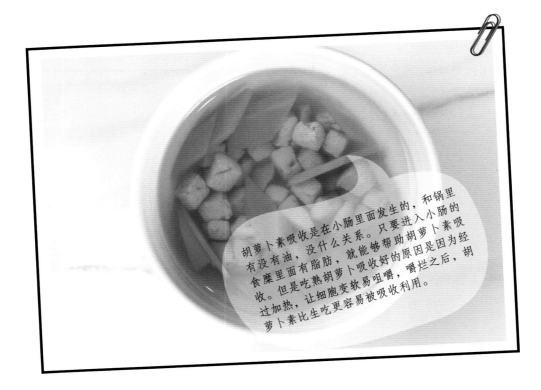

胡萝卜素吸收是在小肠里面发生的，和锅里有没有油，没什么关系。只要进入小肠的食糜里面有脂肪，就能够帮助胡萝卜素吸收。但是吃熟胡萝卜吸收好的原因是因为经过加热，让细胞变软易咀嚼，嚼烂之后，胡萝卜素比生吃更容易被吸收利用。

步骤简单，食材简单

● 黑白木耳鸡肝汤

常食黑木耳能增强机体免疫力，促进身体健康发育。银耳含有银耳多糖、甘露醇、矿物质等成分，具有美容润肤、清热解毒、增强免疫力等功效。

🍴 烹饪方法：煮

🍚 **原料**

鸡肝80克，泡发木耳50克，泡发银耳50克，姜丝3克，葱花3克

🧂 **调料**

盐1克

🍲 **做法**

1.泡发洗净的黑木耳、银耳切去底部，切成小块。

2.洗净的鸡肝切斜刀成厚片，待用。

3.锅中放水烧热，放入黑木耳、银耳煮熟。

4.倒入鸡肝、姜丝，加盐调味，撒上葱花，关火即可。

【温馨提示】

　　鸡肝易熟，不需久热，否则口感易柴，但是也不能为了贪图口味鲜嫩而食用未熟透的鸡肝。

白萝卜营养丰富，素有"小人参"的美誉，含有充足的水分、多种B族维生素、维生素C、钾、钙、硒、膳食纤维等多种营养物质。白萝卜中不仅含钙量高，且不含草酸，所以较其他蔬菜中的钙更易吸收。白萝卜中含有的淀粉酶和芥子油还具有开胃助消化的作用。

扫一扫看视频

清凉好喝的豆浆

◉ 白萝卜豆浆

🍴 **烹饪方法：榨汁**

🍚 **原料**

水发黄豆60克，白萝卜50克

🧂 **调料**

白糖适量

🍲 **做法**

1.将洗净、去皮的白萝卜切条，改切成小块。

2.将已浸泡8小时的黄豆倒入碗中，加水搓洗干净，沥干水分。

3.将黄豆、白萝卜倒入豆浆机中，注水，制成豆浆。

4.把豆浆滤渣后倒入碗中，加入白糖拌匀即可。

【温馨提示】
　　白萝卜不宜切得太大，否则影响豆浆机的使用寿命。

滋润效果佳

● 银耳百合红枣汤

🍴 烹饪方法：煮

🥣 **原料**

水发银耳100克，红枣50
克，百合20克

🧂 **调料**

冰糖5克

【温馨提示】

　此汤煮好后放凉，
可调入少许蜂蜜。

🍲 **做法**

1.洗净的红枣去核，洗净的百合用温水浸泡，水发银
耳撕成小朵。

2.锅中注入适量清水烧热，倒入银耳煮至沸腾。

3.倒入红枣、百合，大火烧开后转小火，继续煮10分
钟至软烂，放入冰糖，再煮片刻至入味即成。

百合含有糖类、蛋白质、钙、钾、镁、胡
萝卜素、维生素B1、维生素B2、泛酸、锌、硒、膳食纤维等多种对身体有益的营养素。百合中含有多种生物碱，具有镇静安神、保护心血管系统、瘦身的功效。

第五章

难以抗拒的
各色水果

　　水果中富含多种维生素，可以补充人体所需，且水果大多清甜，有些微酸，口味比较符合儿童口味。水果可以洗了直接吃，还可以榨水果汁、拌水果沙拉等方式食用。

这道菜肴中富含丰富的维生素C、胡萝卜素、有机酸等对身体有益的营养物质。作为儿童的开胃菜是不错的选择，酸甜爽口，可以改善孩子食欲不振，具有促进消化、提高机体免疫力的功效。

红黄橙，颜色漂亮的沙拉

● 黄瓜橙子番茄沙拉

🍴 烹饪方法：凉拌

🥣 原料

番茄100克，黄瓜100克，橙子50克

🧂 调料

橄榄油3毫升，白醋少许，盐1克

🍲 做法

1.将番茄、黄瓜分别洗净后切成小片。

2.将橙子去皮、切成小丁。

3.取一干净的盘子，放入番茄、黄瓜、橙子，加入橄榄油、盐、白醋，搅拌均匀即可。

【温馨提示】

若想有较好的口感，在橙子去皮时可将其丝络也去除。

酥香酸爽，排骨新滋味
● 香橙排骨

🍴 烹饪方法：焖

🥣 原料

猪小排500克，香橙250克，橙汁25毫升

🧂 调料

盐2克，料酒、生抽各5毫升，水淀粉、食用油各适量

🍲 做法

1.洗净的香橙取部分切片，将切好的香橙摆放在盘子周围；将剩余的香橙切去瓤，留下香橙皮，切成细丝。

2.将排骨洗净后放入碗中，加入少许生抽、料酒，拌匀，倒入水淀粉，拌匀，腌渍30分钟。

3.锅中注入适量清水，放入排骨，大火烧开，撇去浮渣，将排骨捞出，沥干水分，待用。

4.锅中注油，放入排骨，加入料酒、生抽、橙汁、适量清水、盐、拌匀。

5.大火煮开后转小火焖4分钟至熟，倒入部分香橙丝，拌匀，关火后将焖好的排骨盛出，装入摆放有香橙的盘子中，撒上剩余的香橙丝即可。

橙子是维生素C的良好来源，具有抗氧化、提高机体免疫力的作用，还可以促进铁的吸收。橙子中还含有丰富的胡萝卜素，可以在体内转化为维生素A，具有美肤、保护视力的功效。橙子富含有机酸，酸甜适口，开胃、增进食欲、促进消化、保护维生素C不易遭到破坏、促进矿物质的吸收。

【温馨提示】

    给儿童吃的食物一般不建议油炸，因此排骨用水汆熟即可。

西柚含多种维生素，其中维生素C尤为丰富。鸡胸肉含有优质蛋白质、维生素A、B族维生素、钙、磷、锌等营养成分。西柚中的维生素C搭配鸡肉中的优质蛋白质，在体内可以更好地合成胶原蛋白，对于皮肤、骨骼健康都有帮助。

难以想象的美味沙拉

◉ 柚香鸡肉沙拉

🍴 烹饪方法：拌

🥣 原料

鸡胸肉100克，西柚80克，圣女果50克，葡萄干5克，葱3克，姜3克

🧂 调料

盐1克，千岛酱适量

🍲 做法

1.将洗净的鸡胸肉放入沸水锅中，加适量葱、姜、盐煮熟后捞出，放凉。

2.将西柚剥皮、切成小块；洗净的圣女果对半切开；葡萄干洗净、沥干水分。

3.将放凉的鸡胸肉撕成细丝，放入盘中。

4.放入葡萄干、圣女果、西柚肉，挤入千岛酱拌匀即可。

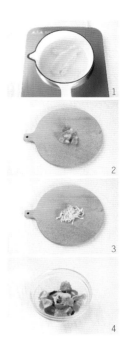

【温馨提示】

　　余好的鸡肉可以在凉开水里泡一会儿，这样口感会更好。

【食材选购指南】

　　新鲜的鸡胸肉肉质紧密，有轻微弹性，呈干净的粉红色且具有光泽。

巧妙搭配，牛油果更好吃

牛油果玉米沙拉

牛油果是水果中热量高的代表，脂肪含量约为15%，比鸡蛋和鸡肉还高，固有"森林奶油"的美誉，一般人推荐一天食用半个为宜。牛油果虽然脂肪含量高，但是所含的脂肪酸以单不饱和脂肪酸为主，有利于心血管的健康，对心脑血管疾病起到很好的预防作用。

🍴 烹饪方法：拌

🥣 原料
牛油果400克，玉米250克，红椒100克，松仁、食用油各适量

🧂 调料
盐1克，橄榄油、白糖、黑胡椒粉各适量

🍲 做法
1.将玉米剥粒，洗净，沥干水分；红椒洗净后切丁；牛油果洗净后切小块，待用。

2.冷锅中倒入适量的油，放入松仁，用小火翻炒至香味飘出，关火后盛出，待用。

3.锅中放入适量清水，大火烧开，放入玉米粒、红椒，拌匀焯熟。

4.取一小碟，加入橄榄油、盐、白糖和黑胡椒粉，拌匀，调成料汁。

5.取一干净的碗，放入玉米粒、红椒、牛油果、松仁，倒入料汁，拌匀即可。

【温馨提示】
　　为了降低此款沙拉的热量，不建议再加入沙拉酱。

清甜好喝，身心舒畅

⊙ 苹果雪梨银耳甜汤

🍴 烹饪方法：煮

🥣 原料

苹果100克，雪梨70克，水发银耳65克

🧂 调料

冰糖5克

🍲 做法

1.洗好的苹果切成小块；洗净的雪梨切成小块；洗好的银耳切成小朵，备用。

2.砂锅中注入适量清水烧开，倒入银耳、雪梨、苹果，拌匀。

3.盖上盖，烧开后用小火煮约10分钟至熟。

4.揭开锅盖，倒入冰糖，煮至溶化。

5.搅拌均匀，关火后盛出煮好的甜汤即可。

苹果含有丰富的果胶和黄酮类物质，例如绿原酸、槲皮素、儿茶酚等，这些功能性成分对我们的健康大有益处。流行病学研究发现，常吃苹果，可以帮助减少癌症、心血管疾病等多种疾病的风险。

【温馨提示】
　　煮汤时将汤中的浮沫撇去，可使口感更佳。

経典菜肴，酸甜而不腻

● 蓝莓山药泥

蓝莓富含花青素，可以清除体内自由基，起到抗氧化、抗炎性、保护血管内皮细胞、提高血管弹性，有助于预防高血压等心脑血管方面疾病发生的作用。此外常食蓝莓还具有保护视力的功效。

🍴 烹饪方法：清蒸

🥣 原料

山药180克，蓝莓酱15克

🍲 做法

1.将山药去皮洗净切成块，装盘，放入烧开的蒸锅中，盖上盖，用中火蒸15分钟至熟。

2.揭盖，把蒸熟的山药取出，放凉后用勺子压烂，再用木槌捣成泥。

3.倒入碗中，再放上蓝莓酱即可。

【温馨提示】
　　蓝莓酱不要加太多，以免过甜盖过山药本身的味道。

秋天常喝，缓解干燥

◉ 雪梨猪肉汤

🍴 烹饪方法：煮

🥣 原料

雪梨300克，猪肉100克，无花果50克

🧂 调料

盐少许

🍲 做法

1.把洗净的雪梨去除果皮，对半切开，去除果核，再改切小块。

2.将洗净的瘦肉切成小块，备用。

3.锅中倒入适量清水，烧开，放入瘦肉块，再倒入洗净的无花果，拌匀。

4.盖上盖，煮开后用小火煮约15分钟至无花果裂开，放入雪梨块，转大火，拌匀，煮沸后转小火，续煮约20分钟至全部食材熟透。

5.揭开盖，转大火，加入盐，拌匀调味，关火后盛入汤碗中即可。

雪梨清甜，含有丰富的水分、苹果酸、胡萝卜素、钾、镁等多种营养物质，补充营养和水分的同时可以起到润肤的功效，特别适合秋天食用。

【温馨提示】
　　此汤品调味后可以盖上盖，静置10分钟左右再饮用，味道更佳。

香蕉富含多种维生素、矿物质、膳食纤维，不仅营养价值高而且饱腹感也强。香蕉中的钾元素能防止血压上升、肌肉痉挛；镁元素则具有消除疲劳、让人肌肉放松、强健骨骼、控制血压的作用，被誉为"抗压力营养素"。

【温馨提示】
　　拌制香蕉蛋糊时，面粉不要放太多，以免成品口感过硬。

奶香味浓郁，爱不释手
● 香蕉热松饼

🍴 烹饪方法：烤

🥣 原料

鸡蛋80克，牛奶150毫升，低筋面粉200克，泡打粉4克，液态黄油20克，香蕉肉80克

🧂 调料

白糖30克，液态黄油30毫升，盐少许

🍲 做法

1.香蕉切小段，捣成泥状。将鸡蛋、牛奶、液态黄油、盐、白糖放入碗中，拌匀，制成蛋奶。

2.将泡打粉和低筋面粉过筛加入拌好的蛋奶内拌匀，再加入香蕉泥拌匀，制成面糊，静置15分钟。平底锅用小火烧热，放入模具，在模具内加入一勺面糊。

3.待面糊表面出泡时去掉模具，翻转面饼并轻轻按压，吱吱作响时即可出锅。

补充多种维生素的蔬果汁

● 胡萝卜木瓜苹果汁

 烹饪方法：榨汁

原料

去皮胡萝卜80克，木
瓜、苹果各50克

做法

1.胡萝卜洗净，切片。

2.木瓜去皮洗净，去子，切小块。

3.苹果洗净，去核，切小块。

4.将以上材料放入榨汁机中，加适量清水榨汁
即可。

【温馨提示】

　　选木瓜要选瓜肚大的，瓜
身要选光滑，没有摔、碰的痕
迹，拿在手里比较重的。买回
的木瓜如果当天就要吃的话，
就选瓜身全都黄透的，轻轻地
按瓜肚有点软的感觉，就是熟
透的，回家可马上食用。

木瓜是"百益之果"，含多种营养物质，特别是木瓜里的木瓜蛋白酶可以帮助消化蛋白质类的食物。对消化能力较弱的儿童来说，吃蛋白质含量高的动物性食物时可搭配上木瓜，帮助消化。此外，木瓜还含有胡萝卜素，具有美肤明眸的功效。

天然的葡萄糖吸收好
◉ 火龙果汁

火龙果具有很高的营养价值，味道佳。其中富含膳食纤维、多种B族维生素、钾、镁等诸多对身体健康有益的物质。火龙果本身含糖分较少、热量低，减肥瘦身效果十分理想，对于体重超标的儿童是不错的水果选择之一。

🍴 **烹饪方法：榨汁**

🥣 **原料**

火龙果350克

🍲 **做法**

1.洗净的火龙果去除头尾，切开，去除果皮，将果肉切小块，备用。

2.取榨汁机，选择搅拌刀座组合。

3.倒入切好的火龙果，注入适量温开水，盖上盖；选择"榨汁"功能，榨取果汁。

4.断电后将果汁倒入杯中即可。

扫一扫看视频

【温馨提示】
　　在挑选火龙果的时候，要看表面颜色，颜色光泽亮丽为佳。若绿色部位枯黄，红色暗沉就表示不新鲜了。同等大小的火龙果分量越重，越多汁。

粉脆又酸甜，好吃不够

◉ 柠檬菠萝藕片

🍴 烹饪方法：炒

菠萝含有胡萝卜素、维生素C、钾、镁、膳食纤维等营养成分，具有促进肠胃蠕动、解油腻、缓解疲劳等功效。

🥣 原料

莲藕100克，菠萝肉50克，柠檬40克

🧂 调料

盐1克，油5毫升，白醋3毫升，白糖3克，水淀粉5毫升

🍲 做法

1.洗净的柠檬对半切开，切成薄片，加少许白醋、白糖，拌匀备用。

2.去皮洗净的莲藕切成片，洗净的菠萝肉切成片。

3.锅中加适量清水烧开，加少许白醋、盐，放入藕片，煮约2分钟至熟，将煮好的藕片捞出，放入清水中浸泡。

4.用油起锅，倒入少许清水煮沸；加水淀粉勾芡，调成稠汁；放入藕片、菠萝、柠檬片，拌炒均匀即可装盘。

【温馨提示】
　　由于菠萝带酸味，柠檬不要放过多，以免太酸，掩盖藕片的脆甜口感。

蓝莓含有花青素、钙、镁、磷、钾等成分，其中花青素对人的眼睛具有很好的保养作用，具有改善视疲劳的作用。酸奶能强身健体，是钙的优质来源，对儿童十分有益。

扫一扫看视频

补充能量，来一杯奶昔

● 蓝莓奶昔

🍴 烹饪方法：榨汁

🥣 **原料**

蓝莓60克，鲜奶、酸奶各50毫升，柠檬20克，桑葚50克

🍲 **做法**

1.将洗净的蓝莓、桑葚倒入榨汁机中。

2.再挤入柠檬汁，倒入鲜奶、酸奶。

3.盖上盖，榨取奶昔。

4.将榨好的奶昔倒入杯中即可。

【温馨提示】
可以根据口感，调入少许蜂蜜。桑葚最好用温水浸泡、清洗，能更好地洗净。

好喝又健康的自制奶昔
● 苹果杏仁奶昔

🍴 烹饪方法：榨汁

酸奶含钙丰富，是人体获得钙质的优质食物。酸奶由牛奶发酵而来，在发酵过程中会将乳糖分解成乳酸，利于促进钙和其他矿物质吸收，还特别适合乳糖不耐症、喝牛奶不舒服的人。酸奶发酵时还会增加B族维生素的含量。最主要酸奶还有益肠道健康！

🥣 原料

苹果1个，杏仁10克，酸奶150毫升，牛奶50毫升

🧂 调料

柠檬汁几滴

🍲 做法

1.洗净的苹果去皮，对半切开，去核，切成小块备用。

2.把苹果、杏仁放入料理机里。

3.然后加入酸奶、牛奶，滴入几滴柠檬汁，盖上盖，启动料理机搅拌均匀。

4.取一干净的碗，将搅拌好的苹果杏仁奶昔倒出即可饮用。

【温馨提示】

　　制作苹果杏仁奶昔，酸奶不要加入太多，以免过酸，掩盖苹果的鲜甜味。

【食材选购指南】

　　在选购杏仁时，应选颗粒大、均匀、饱满、有光泽，形状为扁圆形的。另外，仁衣浅黄略带红色，颜色清新鲜艳，皮纹清楚不深，仁肉白净的为优质杏仁。

草莓中含有丰富的维生素C和番茄红素，它们可以帮助被氧化的组织还原，抑制黑色素的形成，防止雀斑、黑斑等色斑的出现，还能增强对疾病的抵抗力，使血管更强韧。有效解决因缺乏维生素C而导致的牙龈出血。此外，草莓富含膳食纤维，常吃可以预防便秘，有助于肠道健康。

晶莹剔透的小珠子

● 草莓西米露

🍴 烹饪方法：煮

🥣 原料

草莓60克，牛奶100毫升，西米30克

🧂 调料

冰糖适量

🍲 做法

1.把洗净的草莓对半切开，切成小块，再改切丁，待用。

2.锅中倒入适量清水，用大火煮至沸腾。

3.倒入西米，用汤勺搅散，盖上锅盖，用小火煮约20分钟至西米晶莹透亮。

4.揭盖，放入冰糖，拌匀；再加入牛奶，拌匀。

5.倒入切好的草莓，煮至沸腾，盛入碗中即可。

【温馨提示】

　　清洗草莓时，先不要去蒂，以免细菌渗入果肉中，食用时去除即可。

【食材选购指南】

　　购买草莓时，宜选购果实表面不破裂、不流汁，颜色均匀，全果鲜红均匀的，不宜选购未全红或半红半青的。如果果肉上有灰色或白色霉菌丝的病果、裂果、畸形果，也不宜购买。

第六章

花样主食变变变

　　一日不吃主食，是不是就感觉像没吃过饭一样呢？主食中以五谷杂粮为主，含有大量的糖类，能为人体提供每日所需能量，让人有饱腹感。既然我们每天都要吃主食，那么便应在烹饪上多换点儿花样，让主食不再单一。

南瓜中富含丰富的膳食纤维，具有促进肠蠕动，促排便的功效；此外膳食纤维还具有增加饱腹感、降低血胆固醇，预防心血管疾病的作用。南瓜中富含类胡萝卜素，其中β-胡萝卜素可以转化成维生素A，起到护眼、美肤、增强机体免疫力、抗氧化的功效。

橙黄浓郁很香甜

● 胡萝卜南瓜粥

🍴 烹饪方法：煮

🥄 原料

水发大米80克，南瓜90克，胡萝卜60克

🍲 做法

1.洗好的胡萝卜切成粒。

2.将洗净去皮的南瓜切成粒。

3.砂锅中加入适量清水烧开，倒入洗净的水发大米，拌匀，放入切好的南瓜粒、胡萝卜粒，搅拌均匀。

4.盖上锅盖，烧开后用小火煮约 40分钟至食材熟软，持续搅拌一会儿，关火后盛入碗中即可。

【温馨提示】

南瓜、胡萝卜本身口感都微甜，所以不建议家长在给孩子制作此粥品时额外添加糖，从小养成孩子少吃糖的习惯。

【食材安全选购】

选购时，同样大小体积的南瓜，要挑选较为重实的。购买已经切开的南瓜，则选择果肉厚，新鲜水嫩不干燥的。

给你满满能量

◉ 玉米片红薯粥

🥣 原料

红薯180克，玉米片90克

🍲 做法

1.去皮洗净的红薯切滚刀块，备用。

2.砂锅中加入适量清水烧热，倒入备好的玉米片。

3.烧开后用小火煮约30分钟，倒入切好的红薯，用小火续煮约20分钟，至食材熟透。

4.揭盖，搅拌几下，关火后盛入碗中即可。

【温馨提示】
　　红薯块最好切得大小均匀，这样煮好的红薯口感更佳。

红薯是低脂肪高纤维素、高钾低钠的食物。红薯中富含维生素C、多种B族维生素、胡萝卜素等营养物质，可以保护视力、预防便秘等。用薯替代部分粮食，每天的总淀粉数量不仅不会升高，而维生素、纤维素、矿物质的摄入量会增多，对提高一日当中整体的营养质量有益。

八宝粥是一道营养丰富、味道诱人的营养佳品，儿童常喝可以增加食欲，利于营养素的吸收，有助于身体健康，但一定要熬煮软烂后再让儿童食用。

八宝能量，助力成长

◉ 桂圆八宝粥

🍴 烹饪方法：煮

🥣 原料
粳米50克，桂圆20克，紫米20克，红豆20克，小米20克，花生米10克，莲子20克，薏米20克

🧂 调料
冰糖5克

🍲 做法
1.将粳米、紫米、红豆、小米、花生米、莲子、薏米分别洗净，分别放入冷水中浸泡；将桂圆去壳、洗净，待用。

2.锅中注入适量清水，再放入薏米、红豆、紫米，用大火烧开后，转小火慢煮30分钟。

3.将粳米、桂圆、小米、花生米、莲子一起放入锅中续煮至沸。

4.将冰糖倒入锅中，煮至粥黏稠即可。

【温馨提示】
　　煮八宝粥的过程应适当地搅拌，以免粘锅。

【食材选购指南】
　　优质的莲子颜色会有一点点泛微黄，还有些皱皱的，闻起来会有莲子的清香气味。优质花生米的果荚呈土黄色或者白色，果仁颗粒饱满，颜色分布均匀。好的薏米粒大完整、结实，有光泽。

苋菜营养价值丰富，其中含有丰富的膳食纤维，具有保护肠道健康、预防便秘的作用；苋菜中含丰富的钙、镁、维生素K，常食对骨骼健康有益。

天然的色素，天然的营养

◉ 紫苋菜粥

🍴 **烹饪方法：煮**

🥣 **原料**

大米100克，紫苋菜250克

🧂 **调料**

盐、植物油各适量

🍲 **做法**

1.将紫苋菜择洗干净，切成丝。

2.将大米淘洗干净，放入锅内，加适量清水。

3.大火烧开后转小火，煮至九分熟时，加入植物油、紫苋菜丝、盐，搅拌均匀，待两三滚后即可。

【温馨提示】

　　粥锅中下入苋菜后要快速搅拌至断生，不宜过度煮制，以免营养物质流失过多。

【食材选购指南】

　　苋菜应选择叶小，片薄、平的；嫩苋菜根部须少，且相对较短，根茎能掐断。

健脾养胃，不再挑食

◉ 红豆小米粥

🍴 烹饪方法：煮

🥄 原料

红豆20克，小米50克，
大米30克

🍲 做法

1.红豆、大米用清水洗净，加适量水浸泡2小时。

2.小米用清水淘洗干净，倒入锅中。

3.将泡好的红豆、大米一起放入锅中，加水，选择
电饭煲的煮粥功能，煮至粥黏稠即可。

【温馨提示】

　　由于红豆的甜度较
高，烹饪时不需加糖也
能产生甜美的口感。

红豆属于淀粉含量高的豆类之一，所以在吃红豆的时候口感甜美，味道佳。红豆中富含维生素B₁、维生素B₂、镁、钾、铁、钙、膳食纤维等营养物质。红豆中富含花青素，花青素除了能抗氧化延缓衰老之外还具有增强免疫力、增强视力、抗炎和抗过敏的作用。

香菇不仅具有清香独特的风味，更含有丰富的营养素，属于"四高一低"（蛋白质、维生素、矿物质、膳食纤维高，脂肪含量低）的绿色健康食物。

158

香味浓郁的炒饭

● 香菇炒饭

🍴 烹饪方法：炒

🥣 原料

米饭220克，香菇70克，红椒丁40克，葱段、葱花各少许

🧂 调料

生抽、料酒各5毫升，盐2克，食用油适量

🍲 做法

1.洗净的香菇去柄，切厚片。

2.热锅注油烧热，下葱段爆香，倒入香菇片，翻炒至变软。

3.淋入料酒，倒入米饭，翻炒松散。

4.加入生抽、盐，倒入红椒丁，翻炒片刻。

5.倒入葱花，翻炒出葱香味，盛出装入盘中即可。

【温馨提示】

　　香菇烹饪前可提前泡发一会，以节约烹饪时间。

【食材选购指南】

　　选购香菇时，要选体圆、菌伞肥厚、盖面平滑、质干不碎的，手捏菌柄有坚硬感的为佳。

洋葱富含前列腺素A、类黄酮、皂苷等具有营养功效的成分，这些物质在抗氧化、降血脂、提高免疫力，以及抗肿瘤等方面都具有一定的功效。

【温馨提示】
　　制作本品时，选用的软饭最好是含水分较少的，以免炒制时黏在一起，不易入味。

【食材安全选购】
　　选购油菜，应以新鲜、脆嫩、叶绿，并且无虫咬、无疤痕的为好。

主食、蔬菜、肉样样有

● 鲜蔬牛肉饭

🍴 烹饪方法：炒

🥣 原料

软饭150克，牛肉70克，胡萝卜35克，西蓝花、洋葱各30克，小油菜40克

🧂 调料

盐3克，生抽5毫升，水淀粉、食用油各适量

🍲 做法

1.将小油菜、胡萝卜、洋葱、西蓝花分别洗净，切小块，待用。

2.将牛肉洗净后切片，加少许盐、生抽，放水淀粉拌匀，腌渍片刻。

3.锅中注水烧沸后，放入胡萝卜块、西蓝花块、小油菜块，焯熟后捞出，沥干水分，待用。

4.锅内注油烧热，放入牛肉片、洋葱块、软饭、生抽、盐以及焯过水的食材，炒熟即可。

五颜六色的饭团

◉ 彩色饭团

🍴 烹饪方法：炒

🍵 **原料**

草鱼肉120克，黄瓜60克，胡萝卜80克，米饭150克，黑芝麻少许

🧂 **调料**

盐2克，芝麻油5毫升，水淀粉、食用油各适量

🍲 **做法**

1.胡萝卜、黄瓜洗净切成粒，鱼肉洗净切成丁。

2.鱼肉装入碗，加少许盐、水淀粉、食用油腌渍。

3.炒锅烧热，倒入黑芝麻炒香，盛出。

4.开水锅加少许盐、食用油，放入胡萝卜粒、黄瓜粒、鱼肉，煮熟，捞出。

5.碗中加米饭、煮熟的食材、盐、芝麻油、黑芝麻拌匀。

6.把拌好的米饭做成小饭团，装入盘中即可。

草鱼富含人体所需的优质蛋白质，与禽肉、畜肉相比，脂肪含量少。其中的脂肪酸以不饱和脂肪酸为主，有益于心脑血管健康。草鱼中含有丰富钙、钾、锌、硒、多种B族维生素、维生素A等营养物质，对身体健康有益。

【温馨提示】

　　鱼肉腌渍的时候，最好腌渍10分钟，这样鱼肉才更加入味；做小饭团时，手上可以蘸点水，这样米饭才不会粘手。

黄瓜脆嫩清香，味道鲜美，是一种热量低、含水量极高的蔬菜。黄瓜中不仅含有丰富的水分，还含有胡萝卜素、多种B族维生素、钾等营养物质。黄瓜中含有丙醇二酸，可以很好地抑制糖类转化成脂类，特别适合肥胖、糖尿病、高血压、高脂血症、便秘等人群食用。

爽口的凉面，让人赞不绝口

● 鸡丝凉面

🍴 烹饪方法：拌

🍲 原料

鸡胸脯肉80克，面条150克，黄瓜80克，豆芽50克，葱花3克，白芝麻3克，杏仁片3克

🧂 调料

白糖3克，白醋5毫升，橄榄油5毫升，盐适量

🍳 做法

1.将黄瓜洗净，去皮，切成丝；鸡胸脯肉入锅加水煮熟，撕成细丝。

2.分别将面条、豆芽入沸水锅中烫熟，捞出，沥干水分。

3.在大碗中放入面条、黄瓜丝、豆芽、葱花，加入盐、白醋、白糖、橄榄油，充分拌匀。

4.装碗撒上鸡丝、白芝麻、杏仁片即可。

【温馨提示】
　　面条煮好后可过一下凉开水，这样可以使面条更爽口。

虾富含人体所需的优质蛋白质。相比禽肉、畜肉而言，虾肉脂肪含量少，其中的脂肪酸以不饱和脂肪酸为主，有益于心脑血管健康。同时虾中含有丰富牛磺酸、钾、碘、镁、锌、维生素A等营养物质。虾本身营养价值高热量低，特别适合成长发育的儿童食用。

吃鱼肉不再吐刺

● 海苔鱼丸什锦面

🍴 烹饪方法：煮

🥣 原料

面条100克，鱼丸50克，西葫芦50克，香菇50克，虾仁50克，海苔10克

🧂 调料

盐1克，胡椒粉2克，芝麻油3毫升

🍲 做法

1.洗净的西葫芦切成小块；洗净的香菇去蒂，切成小块；海苔剪成细条。

2.锅中加入清水煮开，下入面条煮片刻，捞起，沥干水分。

3.锅内加水煮开，放入香菇块、西葫芦块煮一会儿，再放入洗净的鱼丸、虾仁。

4.放入面条，滴入芝麻油，煮至熟透，加盐调味，撒上胡椒粉、海苔条即可。

【温馨提示】

　　面条先过水，煮出来的面汤更清爽。对水产过敏的儿童可以不下入虾仁。

【食材选购指南】

　　西葫芦应选择新鲜，瓜体周正，表面光滑无疙瘩，不伤不烂者。其个头大小应适中，约重1000克为佳。

洋葱气味辛辣，能刺激消化液的分泌，增进食欲，促进消化。洋葱中含有植物杀菌素如大蒜素等，具有杀菌能力，就餐的时候可以适量搭配洋葱一起食用。

美味扑鼻，粉丝最爱

● 洋葱瘦肉炒米粉

🍴 烹饪方法：炒

🥣 原料

水发米粉180克，洋葱80克，瘦肉70克

🧂 调料

盐2克，生抽5毫升，食用油5毫升，水淀粉5毫升

🍲 做法

1.洗净的洋葱切成丝，待用。

2.将瘦肉洗净后切成丝，加入少许盐、生抽，搅拌均匀，倒入水淀粉拌匀，腌渍10分钟。

3.用油起锅，倒入肉丝，炒至转色，倒入洋葱丝、米粉炒匀，加入生抽炒匀。

4.加入盐翻炒约2分钟至入味，关火后盛出炒好的米粉即可。

1

2

3

4

【温馨提示】

　　瘦肉可先腌渍片刻，这样炒出来的口感更好。

【食材选购指南】

　　选购洋葱时以葱头肥大，外皮光泽，不烂，无机械伤和泥土的为佳。另外，洋葱表皮越干越好，包卷度越紧密越好。

一口一个，鲜香诱人

● 蟹黄小笼包

🍴 烹饪方法：蒸

🥟 原料

面团300克，大闸蟹蟹黄
100克，新鲜猪肉200克，
姜末适量，高汤少许

🧂 调料

米醋适量

【温馨提示】
　　小笼包生坯中包
入的馅料不宜过多，
以免馅料撑破包子皮
而外漏。

🍲 做法

1.先将猪肉洗净剁成末，加入蟹黄、米醋、姜末，拌
匀，加少许高汤制成馅料。

2.将面团搓成长条，揪成小团，擀成圆皮，包入制好
的馅，捏成菊花形。

3.将小笼包放入蒸笼内蒸15~20分钟，即可。

蟹黄不仅味美且营养价值高，属于蛋白质、胆
固醇（蟹肉中的胆固醇含量高于肉类，接近
动物内脏的水平，蟹黄的胆固醇含量高于蟹
肉），维生素A、维生素B₂、钙、镁、硒、碘、
锌含量均很高的食材。特别是硒元素，远远高
于普通肉类。需要家长们注意的是，蟹黄虽味
美，不可让孩子贪食。

精致的面点让人舍不得吃

● 玫瑰包

🍴 烹饪方法：蒸

🥣 原料

低筋面粉500克，酵母5克，莲蓉80
克，蛋清少许

🧂 调料

白糖50克，食用油适量

精白面粉是人工精制的粮食，其中70%以上
的维生素和矿物质已经损失掉，纤维含量
低。长期以精白米面作为主食，再加上油腻
菜肴、缺乏运动，易导致肥胖。所以，做到
主食粗细搭配，有利于孩子摄入更多的营养
素，对健康有益。

🍲 做法

1.将低筋面粉、酵母混合均匀。

2.用刮板开窝，加入白糖、清水，
与面粉混合均匀，揉搓至面团光滑
即可。

3.将面团放入保鲜袋中，包紧、裹严实，静置约10分钟，备用。

4.取适量面团，搓成长条，再分成两份，分别搓成细长面条；用刮板把面条切成大小一致
的剂子；把剂子压扁，擀成薄面皮。

5.取适量莲蓉，搓成圆锥状，在面皮上抹少许蛋清，将莲蓉包入面皮中，裹好。

6.一层层地裹上面皮，重复操作数次，裹成玫瑰花形状，制成玫瑰包生坯。

7.将蒸盘刷上一层食用油，放上玫瑰包生坯；盖上盖，发酵1小时，开火，用大火蒸约10分
钟，至玫瑰包熟透即可。

【温馨提示】
　　和面时应该将面和得手感偏硬些，这样发酵完的面团软硬度
才合适。

生菜富含水分，质地脆嫩，口感清香，颇为人们所喜欢。生菜中含有的莴苣素可以稳定情绪，促进睡眠，具有镇静安神的作用。除此之外，生菜中还富含维生素B_6、钙、维生素C、胡萝卜素、膳食纤维等对人体有益的营养物质。

美味又健康
● 黄瓜生菜瘦肉卷饼

🍴 烹饪方法：卷

🥣 原料

猪腿肉30克，黄瓜50克，生菜20克，小单饼1张

🧂 调料

生抽6毫升，白糖3克，淀粉5克，芝麻油3毫升，食用油
适量

1

2

3

🍲 做法

1.黄瓜洗净后切成细条，生菜洗净，备用。

2.洗净的猪腿肉切成细丝，加入少量生抽、芝麻油、淀
粉，抓拌均匀，腌渍20分钟。

3.用油起锅，将腌渍好的肉丝倒入锅中翻炒，加入适量清
水、生抽、白糖，继续翻炒至锅里无多余水分，肉丝开
始粘连的时候起锅。

4.将洗净的生菜铺在单饼中间，依次放入肉丝和黄瓜条，
卷起即可。

4

【温馨提示】

　　将淀粉换为鸡蛋清腌渍肉丝也有同样的效果。

【食材选购指南】

　　鲜黄瓜表皮带刺，刺小而密且易碎断的黄瓜较好吃。如
果无刺说明黄瓜老了，水分少口感差。还有就是在选购时不
要选择个头太大的，太大的并不好吃，相对来说个头小的比
较好吃。

白萝卜含有芥子油、淀粉酶和粗纤维，儿童食用能促进消化、增强食欲。

小饼里面有大营养

● 萝卜肉饼

🍴 烹饪方法：煎、煮

🥢 原料

白萝卜150克，茭白50克，五花肉75克，淀粉适量，葱花3克

🧂 调料

盐1克，生抽5毫升，食用油5毫升

🍲 做法

1.洗净的白萝卜、茭白刨皮、擦丝备用。

2.洗净的五花肉剁成肉泥，加入适量盐、生抽，抓拌均匀，腌制15分钟后，加入萝卜丝、茭白丝、淀粉，用手揉捏成团，压成饼。

3.用油起锅，放入一个个肉饼，锅要各个方向转动，使之煎至金黄色再翻面，继续煎至金黄色，需要翻面2~3次，直至两面呈金黄色。

4.加适量开水、生抽、盐，用中火烧至汤汁收浓，撒入葱花，翻拌均匀，关火出锅。

【温馨提示】

做萝卜肉饼时，如果喜欢口感鲜甜，可以在肉末中加点儿白糖。

【食材选购指南】

白萝卜以根茎圆整，表皮光滑，大小均匀，无开裂、分叉、抽薹现象，根部呈直条状，带缨，无黄烂叶的为佳。选购茭白，以根部以上部分显著膨大，掀开叶鞘一侧即略露茭肉的为佳。

这道菜肉馄饨，食材丰富，包括蔬菜、肉类、豆制品。动物性的蛋白质和植物蛋白质一起食用，可以发挥营养互补的优势，提高蛋白质的利用率，对成长发育中的儿童健康有益。

一口一个，馄饨与汤

◉ 菜肉馄饨

🍴 烹饪方法：煮

🥣 原料

馄饨皮适量，油菜120克，猪肉末、豆腐块各100克，芹菜50克，姜末、高汤各适量

🧂 调料

盐、米酒、芝麻油各适量

🍲 做法

1.将芹菜、豆腐块分别洗净后待用；将油菜洗净后切成碎末，与猪肉末一起放入碗中。

2.倒入盐、米酒、姜末，沿一个方向搅拌成肉馅，待用。

3.取肉馅依次包入馄饨皮中，待用。

4.锅中放入高汤，煮沸后，放入包好的馄饨、豆腐块、芹菜，倒入芝麻油，煮至馄饨漂至水面，调入食盐调味即可。

【 温馨提示 】
　　馄饨煮至漂浮在水面即熟，可以捞出食用。

口袋三明治，营养很充足

● 高纤紫薯三明治

🍴 烹饪方法：夹

🥣 **原料**

熟紫薯块250克，小黄瓜120克，火腿片60
克，生菜95克，番茄85克，芝士片50克

🍲 **做法**

1.洗净的小黄瓜切长片，洗净的番茄切
片，洗净的生菜撕成段，待用。

2.将熟紫薯的头尾修平整齐，对半切开。

3.取一半紫薯，放上黄瓜片、生菜段、芝
士片，再放入番茄片、火腿片。

4.放上另一半紫薯，将做好的紫薯三明治
装盘即可。

这种三明治不仅有生菜、黄瓜、番茄，还有咸香的芝士和火腿片，用高纤维的紫薯夹着入口，层次丰富，味道多变，最重要的是营养均衡。

【温馨提示】
    紫薯可切薄一些，以便食用。

白菜含丰富的维生素C、粗纤维、钙、磷、钾、胡萝卜素等营养成分，不仅营养丰富，而且热量极低，对于预防儿童肥胖，调节肠健康有益。

AYS KEEP YO

色彩斑斓的饺子

● 五彩饺子

🍴 烹饪方法：煮

🥣 原料

面粉300克，猪肉末150克，白菜100克，香菇50克，番茄200克，胡萝卜200克，南瓜200克，紫薯200克，菠菜200克

🧂 调料

盐1克，胡椒粉3克，生抽、食用油、芝麻油各3毫升

🍲 做法

1.洗净的番茄切块；洗净的胡萝卜、南瓜、紫薯削皮，切块；洗净的菠菜去根部，切段。

2.洗净的香菇、白菜切碎，拌入肉末中，加入适量盐、胡椒粉、生抽、油、芝麻油，顺同一方向搅拌均匀，制成肉馅。

3.将菠菜、胡萝卜、番茄榨成汁；南瓜、紫薯蒸熟后压成泥。

4.把面粉倒入盆中，再和入蔬菜汁、蔬菜泥，分别和成光滑面团，再分别揉成长条状，用刀切成小剂子，擀成饺子皮；将肉馅放入饺子皮里，包馅、对折、捏紧制成饺子生坯。

5.锅中加入适量清水烧开，放入饺子生坯，大火加热煮沸，加入少许清水，再煮沸。再加少许清水，煮2分钟至饺子完全浮在水面上，捞出即可。

【温馨提示】

把大白菜、韭菜等蔬菜切成碎末时，大量菜汁也溢了出来，传统的习惯是将菜汁挤掉，以免包不成形。但这种做法会让蔬菜中水溶性维生素流失，从而错失宝贵的营养精华。为了保留住蔬菜汁，可以把蔬菜与一些吸水的食材一起剁切，如干紫菜、干裙带菜、干香菇等，可减少营养素的流失。

猪肉富含优质蛋白质、B族维生素，特别是维生素B_1的良好食物来源，还为人体提供容易吸收的铁和锌等矿物质元素、脂溶性的维生素A等其他营养物质。相比牛肉和羊肉，猪肉的脂肪含量高，口味更香醇。

美味又健康

● 瘦肉玉米饺子

烹饪方法：煮

原料

低筋面粉250克，高筋面粉250克，猪肉末100克，香菇末50克，鲜玉米粒70克

调料

盐1克，胡椒粉3克，生抽5毫升，食用油5毫升，芝麻油3毫升

做法

1.取一大碗，放入猪肉末，加少许盐拌匀，顺一个方向搅拌，至肉末起浆上劲，加入香菇末、生抽、胡椒粉、芝麻油拌匀。

2.锅中注入适量清水，加油，倒入玉米粒，煮沸，把煮好的玉米粒捞出，放入香菇肉馅中，拌匀备用。

3.将高筋面粉、低筋面粉倒在碗里，加少许盐，分次加适量温水，揉搓成光滑的面团；用擀面杖将面团擀成面片，把面片对折，再擀平，反复操作2~3次；把面片卷起来，搓成均匀的长条，揪成数个小剂子，逐一将小剂子压扁。

4.用擀面杖把小剂子擀成薄厚均匀的饺子皮，取适量肉馅，放在饺子皮上，收口捏紧，制成饺子生坯，装入盘中备用。

5.锅中加入适量清水烧开，放入饺子生坯，大火加热煮沸，加入少许清水，再煮沸。再加少许清水，煮2分钟至饺子完全浮在水面上，捞出即可。

【温馨提示】

饺子煮熟后，先用笊篱把饺子捞入温开水中浸一下，再装盘，就不会粘在一起了。

【食材选购指南】

正常的面粉在通常情况下呈乳白色，手感细，粉粒匀细，有一股小麦固有的天然清香味；当和面过程发现面粉变色的情况，要停止使用。

生菜含丰富的水分，质地脆嫩，口感清香，颇为人们所喜欢。生菜中含有的莴苣素可以稳定情绪、促进睡眠，具有镇静安神的作用。除此之外，生菜中还富含维生素B₆、钙、维生素C、胡萝卜素、膳食纤维等对人体有益的营养物质。

早餐、下午茶皆宜

● 核桃杏仁燕麦粥

🍴 烹饪方法：煮

🥣 原料

燕麦片75克，杏仁粉32克，核桃仁15克，葡萄干15克

🍲 做法

1.锅中注入适量清水煮沸，放入核桃仁、葡萄干、燕麦片。

2.将食材煮熟后，注入少量清水，转小火，煮开。

3.放入杏仁粉，搅拌均匀，煮开。

4.关火后将食材盛入备好的碗中即可。

【温馨提示】

核桃本身具有很强的抗氧化性，除了果仁中的维生素E之外，主要是因为果仁外边包裹的那层褐皮中富含多酚类物质，所以吃核桃的时候最好不要去掉那层皮。

181

高筋面粉的蛋白质和糖类含量丰富，脂肪含量低，具有降低胆固醇、提高免疫力、促进肠健康的作用。

扫一扫看视频

◉ 早餐包

🍴 烹饪方法：烤

🥣 原料

高筋面粉500克，黄奶油70克，奶粉20克，鸡蛋1个，酵母8克

🧂 调料

细砂糖100克，盐3克，蜂蜜适量

🍲 做法

1.将细砂糖、适量水倒入容器中，搅拌至细砂糖溶化，待用；把高筋面粉、酵母、奶粉倒在案台上，用刮板开窝。

2.倒入备好的糖水，将材料混合均匀，并按压成形；打入鸡蛋，将材料混合均匀，揉搓成面团。

3.将面团稍微拉平，倒入黄奶油、盐，揉搓成光滑的面团；用保鲜膜将面团包好，静置10分钟。

4.将面团分成小面团，揉搓成圆球形，放入烤盘中，使其发酵90分钟。

5.将烤盘放入烤箱，以上下火各190℃烤15分钟至熟，刷上适量蜂蜜即可。

【温馨提示】

揉搓面团时，如果面团粘手，可以撒上适量面粉。

小小的三明治里有大大的营养

● 金枪鱼三明治

🍴 烹饪方法：夹

🥣 原料

吐司片80克，熟金枪鱼肉60克，生菜80
克，熟鸡蛋1个，番茄40克，洋葱丁40
克，红椒丁35克

🧂 调料

沙拉酱40克

🍲 做法

1.取一碗放入熟金枪鱼，加入洋葱丁、红
椒丁，将食材压散，倒入沙拉酱拌匀。

2.洗好的番茄切片，熟鸡蛋切片。

3.取一盘，放上一片吐司，铺上适量生
菜，再铺上适量拌好的食材和鸡蛋。

4.铺上适量生菜，再铺上番茄片，再放上
一片吐司，铺上生菜，放入拌好的食材和
鸡蛋，铺上生菜，再铺上一片吐司，制成
三明治。

5.将三明治切去四边，沿着对角线切成三
角块即可。

金枪鱼含丰富的优质蛋白质，脂肪含量虽
然低，却以非常优质的多不饱和脂肪酸
DHA和EPA为主，同时含有维生素A等多种
维生素，易被人体消化吸收，具有促进智
力、视力和免疫力等功效。

【温馨提示】
本品可根据自身口味在食材中加入适
量调味料。

这款面包可以为孩子补充蛋白质、糖类、多种维生素等营养成分。

粗粮面包，好吃又健康

● 红薯面包

烹饪方法：烤

◯ 原料

熟红薯300克，发好的紫色面团适量，生奶油15克，面粉少许

调料

蜂蜜20克

做法

1.将熟红薯去皮捣烂，放入蜂蜜、生奶油，拌匀，制成馅。

2.将发好的面团擀开，把做好的馅舀一勺放上去，捏起来，做成红薯形状的生坯，用蘸了面粉的筷子在上面戳几个洞。

3.将做好的生坯放在烤盘上，醒发40分钟左右。

4.将烤盘放到预热至190℃烤箱里，烘焙20分钟即可。

【温馨提示】

在烤盘上摆放生坯时，要留出足够的空隙，否则生坯发酵后会挤在一起。

【食材选购指南】

红薯应挑选纺锤形状、表面光滑的。也可以用鼻子闻一闻是否有霉味，发霉的红薯含酮毒素，不能给食用。

第七章

给孩子的健康零食

　　零食不能替代主食，这是毋庸置疑的，但是零食可以给孩子解馋，并在非正餐时间给孩子垫垫肚子。当然了，垃圾食品还是要控制，少给或不给孩子吃。因此，妈妈可以选择健康的食材，把握糖分、黄油等成分的量，给孩子做健康的零食。

小丸子里真的有章鱼哦

◉ 章鱼小丸子

🥣 原料

章鱼烧粉100克，鸡蛋1个，鱿鱼1条，包菜半个，洋葱1个

🧂 调料

青海苔粉、木鱼花、沙拉酱、章鱼烧汁、食用油各适量

🍲 做法

1.将鱿鱼、包菜、洋葱切成丁；将章鱼烧粉、鸡蛋放入碗中，兑入适量清水，用手动打蛋器在碗中搅成面糊，再倒入量杯中备用。

2.在章鱼小丸子烤盘上刷一层油预热。

3.将面糊倒入烤盘至七分满，依次加入鱿鱼丁、包菜丁、洋葱丁，继续倒入面糊将烤盘填满。

4.待底部的面糊成型后，用钢针沿孔周围切断面糊，翻转丸子，将切断的面糊往孔里塞。

5.烤至成型后，继续翻动小丸子，直到外皮呈金黄色。

6.将烤好的小丸子装盘，挤上木鱼花、青海苔粉、章鱼烧汁、沙拉酱即成。

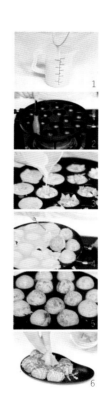
1
2
3
4
5
6

【温馨提示】
　　趁热吃口感最佳哦！

每一粒都很赞

◉ 爆米花

🍴 烹饪方法：炸

🍲 原料
玉米粒100克

🧂 调料
黄油10克，糖适量

🍲 做法

1.锅中加入黄油，小火加热熔化。

2.加入玉米粒，大火，盖上锅盖，大概1分钟就可以听到噼啪噼啪的声音。

3.转小火，不要掀锅盖，用手端起炒锅不停摇动，持续3分钟左右。

4.声音逐渐变小，声音差不多消失后即可打开锅盖。

5.可以看到玉米粒已经爆成米花了，立即加2勺糖，然后用铲子搅拌，待糖熔化后沾到爆米花上即可关火。

【温馨提示】
　　记得根据锅大小控制放入玉米粒的多少哟，否则容易焦！

软糯香甜美滋滋

⚫ 糯米糍

🍴 **烹饪方法：蒸**

🍲 **原料**

芒果2个，牛奶100毫升，椰浆100毫升，糯米粉120克，玉米淀粉30克，椰蓉适量

🧂 **调料**

糖粉35克，无盐黄油15克

🍲 **做法**

1.芒果切成大丁；黄油隔水加热熔化；将牛奶、椰浆、糯米粉、糖粉、玉米淀粉倒入碗里，用打蛋器搅拌成均匀至无颗粒的糊。

2.把熔化成液体的黄油倒进拌匀的糊里，拌至看不到油，然后倒入干净的瓷碗里，水沸腾后大火蒸10~15分钟至熟透。

3.蒸好的糯米团刮出来放入干净的碗里，盖上保鲜膜冷却。

4.糯米团揪成一小块，揉圆压扁（中间厚，两边薄）包入一块芒果丁，捏紧搓圆，裹上椰蓉即可。

【温馨提示】
面团多揉一会儿，口感更好！

在家也能吃到好吃的芒果班戟

● 芒果班戟

🍴 烹饪方法：煎、卷

🥣 原料

鸡蛋1个，低筋面粉80克，芒果（大）1个，橙汁30毫升，牛奶210毫升

🧂 调料

黄油10克，糖粉20克，淡奶油适量

🍲 做法

1.鸡蛋与糖粉加入到打蛋盆里，用打蛋器搅拌均匀。

2.加入牛奶和橙汁，拌匀，筛入低筋面粉，拌匀，加入熔化的黄油，拌匀制成面糊，放入冰箱冷藏30分钟。

3.取出面糊过滤一遍，不粘平底锅稍微加热，舀入一汤勺的面糊，小火煎成面片取出。

4.芒果洗净去皮去核，切成条状。

5.淡奶油用电动搅拌器打发至呈现鸡尾状。

6.取一片面皮将煎过的一面放入少许淡奶油，放入芒果条，在芒果条上面再放入一层淡奶油，包好收口朝下即可。

【温馨提示】

　　混合好的面糊一定要过筛，否则就会影响口感。煎饼的时候一定要小火，否则面皮容易糊掉。

◉ 铜锣烧

🍴 烹饪方法：煎

🥣 原料

鸡蛋2个，红豆沙适量，低筋面粉150克，牛奶55毫升，泡打粉1克

🧂 调料

细砂糖30克，蜂蜜10克，玉米油10毫升

🍲 做法

1.低筋面粉加泡打粉混合过筛备用；鸡蛋打散，加入细砂糖，用电动打蛋器打发，再加入玉米油搅拌均匀，最后加入蜂蜜搅匀。

2.加入过筛的低筋面粉和泡打粉，用翻拌或切拌的手法使面糊均匀。

3.加入牛奶调稀面糊（牛奶分次加入），直到提起面糊下落时流动顺畅，中途不间断，即可盖上保鲜膜，静置半小时。

4.平底锅开小火，不用放油，舀一勺面糊倒入锅中，滴落成圆形。

5.当面糊有气泡鼓起时翻面，稍微烘一会儿就可以出锅了。

6.取煎好的面饼，浅色朝内，抹上红豆沙，盖上另一块面饼即可。

1

2

3

4

5

6

【温馨提示】

若是觉得本品红豆沙太浓稠，可以用牛奶稀释。

用面糊制成的美丽小鱼儿

● 鲷鱼烧

🍴 烹饪方法：烤

🥢 原料

鸡蛋120克，牛奶60毫升，低筋面粉120克，泡打粉2.4克，豆沙馅108克

🧂 调料

细砂糖48克，蜂蜜24克，食用油18毫升，黄油适量

🍲 做法

1.鸡蛋加入细砂糖及蜂蜜，用手动打蛋器搅拌均匀。

2.低筋面粉和泡打粉混合过筛后，在鸡蛋糊中加入一半的面粉，用手动打蛋器拌匀；加入一半的牛奶搅拌均匀，加入剩下的面粉，搅拌均匀后再加入剩余的牛奶搅匀。

3.加入食用油，用打蛋器搅匀，装入量杯中方便倒取面糊。

4.模具先预热，再刷一层熔化的黄油防止粘，倒入少许面糊，盖住模具底部即可。

5.放入豆沙馅，倒入少许面糊盖住馅心，注意角落的地方也要淋到才完整；盖上模具调至小火，加热约1分钟翻面，再加热2分钟，再翻面烤30秒。

6.试着打开模具，判断是否继续烘烤，如果已经烤好，取出冷却即可，以免破相。

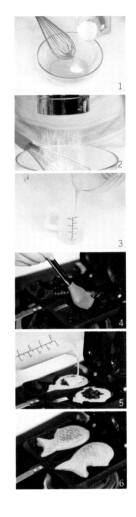

【温馨提示】
　　烤好的鲷鱼烧要放晾网冷却，以免有水汽。

不仅是孩子的零食，也是待客的食品

◉ 曲奇饼干

🥣 原料

低筋面粉90克，杏仁粉10克，鸡蛋25克

🧂 调料

黄油65克，盐0.5克，糖粉20克，细砂糖15克

🍲 做法

1.黄油软化后加入盐、糖粉，用电动打蛋器搅拌均匀；分两次加入细砂糖，用电动打蛋器搅拌均匀。

2.分次加入鸡蛋液，用电动打蛋器搅拌均匀，待每次鸡蛋液被黄油完全吸收再加入下一次。

3.分次筛入低筋面粉与杏仁粉，用橡皮刮刀以切拌的方法拌匀，至看不到干粉即可。

4.烤箱预热，烤盘铺上锡纸；将裱花嘴装入裱花袋中，再把面糊装入裱花袋中。

5.在烤盘上挤出花型一致、大小均等的曲奇。

6.放入烤箱中层，以上下火均匀170℃，烘烤20分钟左右。

【温馨提示】
注意裱花嘴需要和烤盘垂直并距离1厘米左右，不要紧贴着烤盘。

比溏心鸡蛋更美味的蛋挞

◉ 葡式蛋挞

🍴 烹饪方法：烤

🥣 原料

牛奶100毫升，鲜奶油100克，炼奶5克，蛋黄30克，吉士粉3克，蛋挞皮4个

🧂 调料

细砂糖5克

🍲 做法

1.奶锅置于小火上，倒入牛奶、细砂糖不断搅拌，加热至细砂糖全部溶化。

2.加入鲜奶油继续搅拌，再加入炼奶、吉士粉，搅拌均匀后，最后加入蛋黄，关火凉2分钟。

3.用筛网将蛋挞液过滤两次，放凉备用。

4.准备好蛋挞皮，将放凉的蛋挞液倒入蛋挞皮，约八分满即可。

5.打开烤箱，将烤盘放入烤箱中上层，上火温度为150℃，下火温度为160℃，烤约10分钟至熟，取出装盘即可。

【温馨提示】
　　可以准备喜欢的水果，切成小块，放在蛋挞上一起烤制。

● 缤纷四季慕斯

🍴 烹饪方法：拌、冻

🥣 原料

芒果丁、蓝莓、抹茶粉、樱桃、葡萄、猕猴桃各适量，牛奶400毫升，淡奶油180克，香草荚半根，吉利丁片12.5克，蛋黄3个

🧂 调料

细砂糖30克

🍲 做法

1.吉利丁片剪成小片，用4倍量左右的凉开水泡软；香草荚用小刀剖开取子。

2.将牛奶、蛋黄、细砂糖、香草子、香草荚放入小锅，用中小火煮并用刮刀不停搅拌，直到用手指划过刮刀有清晰的痕迹时关火。

3.将泡软的吉利丁片捞出，加在蛋黄糊里搅拌至溶化。

4.淡奶油打发至出现纹路但还会流动时，分2次将淡奶油跟蛋黄糊混合均匀，制成慕斯糊。

5.装入模具中，中层加入水果丁。

6.将慕斯糊摇晃平整，放入冰箱冷藏4小时至凝固，取出后用淡奶油挤出奶油花或用水果装饰即可。

【温馨提示】
煮蛋奶液时要控制火候，缓慢搅拌，防止蛋黄熟过头或结块。

冰激凌好吃，不能贪多哦

● 酸奶冰激凌

🍴 烹饪方法：冻

🥣 原料

酸奶500克，芒果1个，淡奶油适量

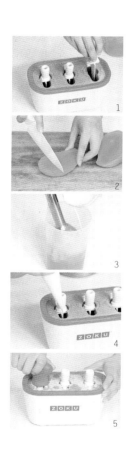

🍲 做法

1.将冰激凌机放在冰箱冷冻24小时，芒果果肉切成小块。

2.用料理机将芒果果肉搅打成芒果泥，加入淡奶油，搅打至均匀。

3.将冰激凌机从冰箱里取出，把冰激凌棍垂直插入冰激凌机，确保冰激凌棍的头部和冰激凌机的凹槽相吻合。

4.用裱花袋将酸奶挤入冰激凌机1/3处，再挤入芒果泥，再挤入酸奶，耐心等待7~9分钟待凝固（如果室温过高，可以放回冰箱冷冻7~9分钟）。

5.用冰激凌机自带的旋转工具，把冰激凌旋转拔出来，插上自带的防滴盖即可食用。

【温馨提示】
　　如果不喜欢吃芒果味的冰，也可以用其他水分较少的水果代替。

晶莹剔透西米露饮品

● 紫薯牛奶西米露

🍴 烹饪方法：煮

🥣 原料

牛奶95毫升，紫薯块60克，
西米45克

【温馨提示】
　　西米用水泡一会儿
再煮，口感更好。

🍲 做法

1.蒸锅装水置火上烧开，放入备好的紫薯，蒸至其
熟软。
2.取出紫薯，放凉后去皮切成丁。
3.汤锅置火上，注入牛奶，倒入备好的西米、紫薯
丁拌匀。
4.煮至西米色泽通透后关火，装入杯中即可。

紫薯口味细腻甜滑、香味浓郁、营养丰富。紫薯是低脂肪、高纤维、高钾、低钠的食物。紫薯中含丰富的维生素C、多种B族维生素、花青素等多种对身体有益的成分。

软软的布丁很弹

● 菠萝牛奶布丁

🍴 烹饪方法：烤

🥣 **原料**

牛奶500毫升，蛋黄2个，鸡蛋3个，菠萝粒15克

🧂 **调料**

细砂糖40克，香草粉10克

🍲 **做法**

1.锅置火上，倒入牛奶，小火煮热。

2.加入细砂糖、香草粉，改大火，搅拌匀，关火后放凉。

3.将鸡蛋、蛋黄倒入容器中，用搅拌器拌匀，倒入放凉的牛奶。

4.将拌好的材料用筛网过筛2次，倒入量杯中，再倒入牛奶杯，至八分满。

5.将牛奶杯放入烤盘中，倒入少许清水，将烤盘放入烤箱中，调成上下火均为160℃，烤15分钟至熟。

6.取出烤好的牛奶布丁，放凉。

7.放入菠萝粒装饰即可。

【温馨提示】

　　妈妈可以在节假日或者周末小孩子一起聚的时候制作出来给孩子们食用哦！这样大家可以互相分享。

小朋友的童年最爱

● 花生牛轧糖

🍴 烹饪方法：烤、拌

🥣 原料

白色棉花糖300克，花生米200克，黑芝麻100克，无糖奶粉125克

🧂 调料

无盐黄油50克

🍲 做法

1.花生米、黑芝麻平铺在烤盘上，烤箱中层上下火均调为150℃，烤20分钟左右至全熟，拿出散去水汽，入烤箱上下火均为70℃保温。

2.黄油切成小片，用不粘锅加热熔化成液体。

3.加入棉花糖不断翻拌，让棉花糖熔化，和黄油完全混匀至糖浆变稠。

4.加入奶粉拌匀，至奶粉熔化立即离火。

5.将花生米剥去红皮，与烤好的芝麻加入糖浆里，用刮刀快速混匀，制成牛轧糖坯。

6.油布垫在方形烤盘上，把牛轧糖坯倒进去。

7.戴上手套，将牛轧糖坯整理成方形（约1.5厘米厚），再盖上油布，用擀面杖擀平整。

8.冷却后切成长5厘米、宽1厘米的小块，用糖纸包起来即可。

【温馨提示】
    搅拌过程中若棉花糖凝固，则可再加热10~20秒。

棒棒糖也可以美美哒

◉ 棒棒糖

🍴 烹饪方法：煮

🥣 原料

珊瑚糖220克，纯净水22毫升，可食用糯米纸图案或者可食用花适量

♨ 做法

1.珊瑚糖和纯净水混合放在锅里，小火持续加热至170℃。

2.锅离火放在湿布上降温，待糖浆里面的气泡消失，将糖浆倒入棒棒糖模具没有纸棒孔的一面，冷却5分钟左右至表面凝结。

3.将糯米纸无图案的一面或者可食用花放在糖浆上。

4.锅里的糖浆继续加热到130℃左右，另一半模具每个插孔都插上纸棒，倒满糖浆冷却即成。

【温馨提示】
　　自制棒棒糖没有添加剂，置干燥阴凉处最多存放两周，也不宜放冰箱，易受潮。同时要注意不要经常给儿童食用。

自制腰果，绿色健康

● 盐焗腰果

烹饪方法：焗

原料
腰果400克

调料
食盐350克

做法

1.腰果用清水洗干净，再用清水浸泡5小时，沥干水分，晒24小时。

2.放入烤盘，用食盐将腰果覆盖。

3.烤箱事前预热，烤盘放烤箱中层，调为160℃，烤20分钟。在烤的过程中，看见腰果变色时就要翻动，翻动2~3次。

4.将烤好的腰果倒入筛网里，把盐筛出即可。

【温馨提示】
　　烤好的腰果要注意密封保存。